W0268427

Zur Einführung.

Die Werkstattbücher behandeln das Gesamtgebiet der Werkstattstechnik in kurzen selbständigen Einzeldarstellungen; anerkannte Fachleute und tüchtige Praktiker bieten hier das Beste aus ihrem Arbeitsfeld, um ihre Fachgenossen schnell und gründlich in die Betriebspraxis einzuführen.

Die Werkstattbücher stehen wissenschaftlich und betriebstechnisch auf der Höhe, sind dabei aber im besten Sinne gemeinverständlich, so daß alle im Betrieb und auch im Büro Tätigen, vom vorwärtsstrebenden Facharbeiter bis zum leitenden Ingenieur, Nutzen aus ihnen ziehen können.

Indem die Sammlung so den einzelnen zu fördern sucht, wird sie dem Betrieb als Ganzem nutzen und damit auch der deutschen technischen Arbeit im Wettbewerb der Völker.

Bisher sind erschienen:

Heft 1: Gewindeschneiden. Zweite, vermehrte und verbesserte Auflage. Von Oberingenieur O. M. Müller.

Heft 2: Meßtechnik. Dritte, verbesserte Auflage. (15.—21. Tausend.) Von Professor Dr. techn. M. Kurrein.

Heft 3: Das Anreißen in Maschinenbauwerkstätten. Zweite, völlig neubearbeitete Auflage. (13.—18. Tausend.) Von Ing. Fr. Klautke.

Heft 4: Wechselräderberechnung für Drehbänke. (7.—12. Tausend.) Von Betriebsdirektor G. Knappe.

Heft 5: Das Schleifen der Metalle. Zweite, verbesserte Auflage. Von Dr.-Ing. B. Buxbaum.

Heft 6: Teilkopfarbeiten. (7.—12. Tausend.) Von Dr.-Ing. W. Pockrandt.

Heft 7: Härten und Vergüten. 1. Teil: Stahl und sein Verhalten. Dritte, verbess. u. vermehrte Aufl. (18.—24. Tsd.) Von Dr.-Ing. Eugen Simon.

Heft 8: Härten und Vergüten. 2. Teil: Praxis der Warmbehandlung. Dritte, verbess. u. vermehrte Aufl. (18.—24. Tsd.) Von Dr.-Ing. Eugen Simon.

Heft 9: Rezepte für die Werkstatt. 2. verbess. Aufl. (11.-16. Tsd.) Von Dr. Fritz Spitzer.

Heft 10: Kupolofenbetrieb. 2. verbess. Aufl. Von Gießereidirektor C. Irresberger.

Heft 11: Freiformschmiede. 1. Teil: Technologie des Schmiedens. — Rohstoffe der Schmiede. 2. Aufl. Von J. W. Duesing und A. Stodt.

Heft 12: Freiformschmiede. 2. Teil: Einrichtungen und Werkzeuge der Schmiede. 2. Aufl. (In Vorbereitung).

Heft 13: Die neueren Schweißverfahren. Dritte, verbesserte u. vermehrte Auflage. Von Prof. Dr.-Ing. P. Schimpke.

Heft 14: Modelltischlerei. 1. Teil: Allgemeines. Einfachere Modelle. Von R. Löwer.

Heft 15: Bohren. Von Ing. J. Dinnebier und Dr.-Ing. H. J. Stoewer. 2. Aufl. (8.—14. Tausend).

Heft 16: Reiben und Senken. Von Ing. J. Dinnebier.

Heft 17: Modelltischlerei. 2. Teil: Beispiele von Modellen und Schablonen zum Formen. Von R. Löwer.

Heft 18: Technische Winkelmessungen. Von Prof. Dr. G. Berndt. Zweite, verbesserte Aufl. (5.—9. Tausend.)

Heft 19: Das Gußeisen. Von Ing. Joh. Mehrtens.

Heft 20: Festigkeit und Formänderung. I: Die einfachen Fälle der Festigkeit. Von Dr.-Ing. Kurt Lachmann.

Heft 21: Einrichten von Automaten. 1. Teil: Die Systeme Spencer und Brown & Sharpe. Von Ing. Karl Sachse.

Heft 22: Die Fräser. Von Ing. Paul Zieting.

Heft 23: Einrichten von Automaten. 2. Teil: Die Automaten System Gridley (Einspindel) u. Cleveland u. die Offenbacher Automaten. Von Ph. Kelle, E. Gothe, A. Kreil.

Heft 24: Stahl- und Temperguß. Von Prof. Dr. techn. Erdmann Kothny.

Heft 25: Die Ziehtechnik in der Blechbearbeitung. Von Dr.-Ing. Walter Sellin.

Heft 26: Räumen. Von Ing. Leonhard Knoll.

Heft 27: Einrichten von Automaten. 3. Teil: Die Mehrspindel-Automaten. Von E. Gothe, Ph. Kelle, A. Kreil.

Heft 28: Das Löten. Von Dr. W. Burstyn.

Heft 29: Kugel- und Rollenlager (Wälzlager). Von Hans Behr.

Heft 30: Gesunder Guß. Von Prof. Dr. techn. Erdmann Kothny.

Heft 31: Gesenkschmiede. 1. Teil: Arbeitsweise und Konstruktion der Gesenke. Von Ph. Schweißguth.

Heft 32: Die Brennstoffe. Von Prof. Dr. techn. Erdmann Kothny.

Heft 33: Der Vorrichtungsbau. I: Einteilung, Einzelheiten u. konstruktive Grundsätze. Von Fritz Grünhagen.

Heft 34: Werkstoffprüfung (Metalle). Von Prof. Dr.-Ing. P. Riebensahm und Dr.-Ing. L. Traeger

Fortsetzung des Verzeichnisses der bisher erschienenen sowie Aufstellung der in Vorbereitung befindlichen Hefte siehe 3. Umschlagseite.

Jedes Heft 48—64 Seiten stark, mit zahlreichen Textabbildungen.

WERKSTATTBÜCHER
FÜR BETRIEBSBEAMTE, KONSTRUKTEURE UND FACH-
ARBEITER. HERAUSGEGEBEN VON DR.-ING. EUGEN SIMON
==== HEFT 52 ====

Technisches Rechnen

Eine Sammlung von Rechenregeln, Formeln und
Beispielen zum Gebrauch in Werkstatt,
Büro und Schule

Von

Dr. phil. Vollrat Happach

Oberingenieur

Mit 66 Abbildungen im Text

Berlin
Verlag von Julius Springer
1933

Inhaltsverzeichnis.

ISBN 978-3-642-98605-5   ISBN 978-3-642-99420-3 (eBook)
DOI 10.1007/978-3-642-99420-3

Einführung: Allgemeines über technische Zahlen und technisches Rechnen.

Die Größen, mit denen man in der Technik rechnet, sind teils spezielle Zahlen, kurzweg auch „Zahlen" genannt, teils allgemeine, durch Symbole dargestellte Zahlen und die aus ihnen zusammengesetzten „algebraischen Ausdrücke".

Zu den speziellen Zahlen gehören:

1. die natürlichen, positiven und negativen Zahlen (z. B. 1, 2, 3; — 4, — 5 usw.);

2. die Brüche, eingeteilt in gemeine und Dezimalbrüche (z. B. $^3/_8$ bzw. 0,375);

3. die Irrationalzahlen, d. h. solche algebraisch errechenbaren Zahlen, die sich nicht durch einen gemeinen Bruch und daher auch nicht durch einen endlichen Dezimalbruch darstellen lassen (z. B. $\sqrt{2}$);

4. die transzendenten Zahlen, d. h. solche, die nicht durch einfache algebraische Operationen gefunden werden können, wie z. B. die Logarithmen, die trigonometrischen Funktionswerte, die Zahl π usw.

An die Stelle der speziellen Zahlen treten bei allgemeinen Untersuchungen die sog. Symbole, meistens Buchstaben des lateinischen, griechischen, seltener des deutschen Alphabetes, denen man bestimmte, gelegentlich auch alle nur denkbaren Eigenschaften der speziellen Zahlen zuschreibt. Die bei algebraischen Ausdrücken als Faktoren stehende Zahlen nennt man Koeffizienten. Auch die durch Symbole dargestellten allgemeinen Zahlen und algebraischen Größen lassen sich — wie die speziellen Zahlen — unterscheiden in

positive und negative Zahlen (z. B. $+ a$, $- b$);

ganze und gebrochene Zahlen $\left(\text{z. B. } a \text{ bzw. } \dfrac{a}{b}\right)$;

rationale und irrationale Zahlen $\left(\text{z. B. } a, \dfrac{a}{b} \text{ bzw. } \sqrt{a}, \sqrt{\dfrac{a}{b}}\right)$;

algebraische und transzendente Zahlen $\left(\text{z. B. } 3 a^2 \text{ bzw. } d^2 \dfrac{\pi}{4}, \log 3\right)$;

reelle und imaginäre Zahlen (z. B. a, b^2, $\sqrt{c}$ bzw. $\sqrt{-a}$).

Außerdem ist noch zu unterscheiden zwischen

absoluten und relativen Zahlen (z. B. a, b, 8 bzw. $+ a - b$ usw.);

konstanten Größen, d. h. solchen mit bestimmtem, feststehendem oder als feststehend angenommenem Werte, z. B. a, b; $\pi = 3{,}141 \ldots$ und

variablen Größen, d. h. solchen, die — gewöhnlich innerhalb bestimmter, vorgeschriebener Grenzen — beliebige Werte annehmen können (sehr häufig durch die Symbole x, y, z dargestellt).

Regeln, die für das Rechnen mit allgemeinen Zahlen aufgestellt sind, gelten stets auch für das Rechnen mit speziellen Zahlenwerten[1].

Bezüglich dieser ist noch folgendes zu bemerken:

Die meisten Zahlen, mit denen man in der Technik rechnet, sind die Er-

---

[1] Beachte aber den Unterschied der Schreibweise bei speziellen und allgemeinen Zahlen:
$$3^4/_7 \text{ bedeutet } 3 + {}^4/_7; \qquad a \dfrac{b}{c} \text{ bedeutet } a \cdot \dfrac{b}{c} = \dfrac{a b}{c}.$$

gebnisse von Messungen. Den Meßinstrumenten wie den mit ihnen gewonnenen Zahlen schreibt man gewisse Eigenschaften zu, die man durch die Begriffe „richtig", „genau" usw. zu charakterisieren gesucht hat. Leider steht die Bedeutung dieser Begriffe nicht allgemein fest, so daß eine schärfere Fassung am Platze erscheint. Wir erklären:

1. Eine Zahl heißt richtig, wenn sie bis auf den Abrundungsfehler bzw. bis auf eine angebbare Unsicherheit der letzten Ziffer mit dem wahren Wert der durch sie bezeichneten Größe übereinstimmt.

2. Unter der Genauigkeit einer Zahlenangabe verstehen wir das Verhältnis der Unsicherheit der letzten mitgeteilten Ziffer zum Gesamtwerte der Zahl; gewöhnlich wird dieses Verhältnis in Prozenten des Gesamtwertes angegeben, und man spricht alsdann von einer prozentualen Genauigkeit, im Gegensatz zur absoluten Genauigkeit, dem absoluten Betrage der Unsicherheit. Dieser kann oft bei Werten, die durch Messungen gefunden wurden, durch besondere Rechenverfahren (vgl. Abschnitt 30) ermittelt werden.

Unter Stellenzahl ist hier und im folgenden lediglich die Anzahl der für die Rechnung in Betracht kommenden Ziffern verstanden. So ist 0,000583 eine Zahl mit drei Stellen, 59,7 ebenfalls. 7,350 ist eine vierstellige Zahl. Es ist also ein Unterschied, ob man schreibt 2,7, oder 2,700, da man im ersten Falle eine zweistellige, im zweiten Falle eine vierstellige Zahl vor sich hat. Die Zahlen sind mit so vielen Stellen anzugeben, wie richtig sind.

Rechnet man mit Zahlen von beschränkter Genauigkeit, so ist auch das Rechenergebnis mehr oder minder unsicher; denn es ist ohne weiteres klar, daß die prozentuale Genauigkeit des Ergebnisses im allgemeinen nicht höher sein kann als die der Zahlen, aus denen es errechnet wurde. Die Genauigkeit technischer Zahlen ist selten höher als $\pm 0,5\%$, d. h. in der Regel sind nur 2 Stellen richtig bzw. die dritte Stelle ist bereits mehr oder minder unsicher. Die Rechengenauigkeit weiter als bis zur dritten Stelle zu treiben ist daher im allgemeinen zwecklos. Fälle, in den aus besonderen Gründen genauer gerechnet werden muß, kommen natürlich auch gelegentlich vor, und es ist Sache des Rechners, zu prüfen, wieweit im einzelnen Falle die Rechengenauigkeit zu treiben ist.

Die im Wege numerischer Berechnung zu findenden Zahlenwerte sollen auf möglichst bequeme Weise, schnell und rechnerisch richtig gefunden werden. Es bedingt dies die Anwendung besonderer, vereinfachter Rechenverfahren, sowie umfassende Rechenkontrollen. Diese sind freilich nicht immer bequem, denn eine bloße Wiederholung der Rechnung nach dem ursprünglichen Verfahren schützt bekanntlich keineswegs vor der Wiederholung eines etwa begangenen Rechenfehlers. Wo man auf eine durchgreifende Kontrolle verzichten muß, überzeuge man sich wenigstens durch eine Überschlagsrechnung, ob das gefundene Resultat überhaupt möglich ist; besonders überprüfe man grundsätzlich die richtige Stellung des Kommas bei Dezimalbrüchen. Ein Kommafehler ist in jedem Falle verhängnisvoller als jede noch so grobe Abrundung oder Vernachlässigung.

Eine weitere wichtige Forderung ist die nach der Übersichtlichkeit der Rechnung, wozu z. B. auch die Begründung besonderer Operationen gehört. Den Gang einer zu Papier gebrachten Rechnung soll ja schließlich nicht nur der Rechner selbst, sondern auch jeder andere verfolgen können. Bei wiederholten Rechnungen der gleichen Art — etwa bei der Auswertung einer Formel, in der eine oder mehrere Größen der Reihe nach geändert werden — ist die Benutzung eines besonders für diesen Zweck entworfenen Formulars nicht nur übersichtlich, sondern auch bequem.

I. Die grundlegenden Rechenverfahren und Hilfsmittel.
A. Regeln für das Rechnen ohne Hilfsmittel.
1. Die Addition.

a) In der Gleichung $a + b + c = d$ nennt man die Zahlen a, b und c Summanden, d die Summe. Zur Erleichterung der Addition vieler Summanden kann die Rechenregel dienen: die Reihenfolge der Summanden ist beliebig.

b) Bei mehreren Summanden ist es bequemer, die Summanden nicht neben-, sondern untereinander zu schreiben; man kontrolliert jede Addition dadurch, daß man sie bei anderer Reihenfolge der Summanden wiederholt.

c) Hat man benannte Zahlen — Maßzahlen oder andere „dimensionierte" Größen — zu addieren, so achte man auf die Benennungen bzw. Maßeinheiten: Nur gleichartige Größen dürfen addiert werden.

d) Auch bei der Addition algebraischer, d. h. durch Symbole dargestellter Zahlen ist darauf zu achten, daß nur gleichartige Größen zusammengefaßt werden.

2. Die Subtraktion.

a) In der Gleichung $a - b = c$ heißt a der Minuend, b der Subtrahend und das Ergebnis die Differenz zwischen a und b. Diese Gleichung ist jedoch nur dann richtig, wenn $c + b = a$ ist, d. h. bei jeder rechnerisch richtigen Subtraktion muß Differenz $+$ Subtrahend $=$ Minuend sein: eine wichtige Rechenkontrolle!

b) Hat man mehrere teils positive, teils negative Zahlen zusammenzufassen, so kann man beispielsweise erst alle positiven, dann alle negativen Zahlen zusammennehmen und aus den erhaltenen Summen dann die Differenz bilden. Denn: Man kann in jeder beliebigen Reihenfolge addieren und subtrahieren.

c) Ist der Subtrahend — absolut genommen — größer als der Minuend, so subtrahiere man die absolut kleinere von der absolut größeren Zahl und gebe dem Resultat das negative Vorzeichen, z. B. $4{,}3 - 18{,}5 = -14{,}2$.

d) Bei der Subtraktion (und auch Addition) algebraischer Größen treten gelegentlich Klammern auf, über deren Beseitigung ($=$ „Auflösung") folgende Regeln gelten:

1. Eine Klammer, vor der ein Pluszeichen steht, wird aufgelöst, indem man den Inhalt der Klammer ohne diese unverändert abschreibt.

2. Eine Klammer, vor der ein Minuszeichen steht, wird aufgelöst, indem man den Inhalt der Klammer ohne diese mit umgekehrten Vorzeichen schreibt. Größen ohne Vorzeichen sind dabei stets als positiv aufzufassen.

Als letzte der hierher gehörigen Regeln merke man sich:

3. Sind mehrere ineinander geschachtelte Klammern vorhanden, so ist es zweckmäßig (nicht notwendig), die innersten Klammern zuerst aufzulösen.

Beispiele:
$$(a + b) + (a - b) = a + b + a - b = 2a;$$
$$(a + b) - (a - b) = a + b - a + b = 2b;$$
$$a + [(b - a) - (a + b)] - b = a + [b - a - a - b] - b = a - 2a - b = -a - b;$$
$$3a - [2a - (a - b) + 2b] - 3b = 3a - [2a - a + b + 2b] - 3b = 3a - 2a$$
$$+ a - b - 2b - 3b = 2a - 6b.$$

e) Aus den im vorigen Absatz gegebenen Regeln folgt, daß
$$- (a) = + (-a), \tag{1}$$
da ja, wenn man die Klammern auflöst, sich die Identität $-a = -a$ ergibt. Die durch die Gleichung 1 gegebene Tatsache ist wichtig; die Gleichung sagt

nämlich aus, daß man die Subtraktion auch auffassen kann als eine Addition mit umgekehrten Vorzeichen.

Die Differenz $a - b$ kann man sich also auch als Summe geschrieben denken, nämlich $a - b = a + (-b)$. Man nennt daher auch mehrere durch Plus- oder Minuszeichen verbundene Größen eine algebraische Summe.

Merke ferner: Eine algebraische Summe aus zwei Gliedern heißt Binom, z. B. $(a + b)$ oder $(a - 2b)$ usw.

3. Die Multiplikation.

a) Definition. Die Aufgabe der Multiplikation liegt vor, wenn die Summe aus mehreren gleich großen Summanden zu bilden ist, z. B. $7 + 7 + 7 + 7 = 4 \cdot 7$; $a + a + a + a + a = 5 \cdot a = 5a$; $b + b + b + \ldots + b + b = a \cdot b$ (a Summanden).

b) In der Gleichung $a \cdot b \cdot c = d$ nennt man die zu multiplizierenden Zahlen a, b und c die Faktoren; das Ergebnis d der Multiplikation heißt Produkt. Die Reihenfolge der Faktoren ist beliebig.

Beispiel: $0{,}5 \cdot 3{,}75 \cdot 20 = 0{,}5 \cdot 20 \cdot 3{,}75 = 10 \cdot 3{,}75 = 37{,}5$.

c) Hat man zwei mehrstellige Zahlen miteinander zu multiplizieren, so multipliziere man den ersten Faktor folgeweise mit den einzelnen Ziffern des zweiten, und zwar gewöhne man sich daran, die Ziffern des zweiten Faktors — des sog. Multiplikators — von links nach rechts zu benutzen.

d) Hat man zwei zweistellige Zahlen miteinander zu multiplizieren, so ist das Verfahren nach Ferrol bequem, bei dem man nach folgendem Schema rechnet:

$$\begin{pmatrix} 6 & 7 \\ & \times & \\ 5 & 4 \end{pmatrix} \cdot$$
$$\overline{3618}$$

Es ist nämlich mit Bezug auf das gegebene Schema:

1) $7 \cdot 4 = 28$; die 8 notiert man, die 2 merkt man sich;

2) $7 \cdot 5 + 4 \cdot 6 = 35 + 24 = 59$; hierzu die 2 von der Multiplikation der Einer gibt 61; die 1 notiert man; die 6 ist wieder zu merken;

3) $5 \cdot 6 = 30$ hierzu die 6 der vorigen Operation gibt 36, was man notiert.

Den Beweis für die Richtigkeit dieses Verfahrens liefert die Algebra (siehe dieses Kapitel Abschn. g) in Verbindung mit der Tatsache, daß

1. Einer mal Einer Einer ergibt,
2. Einer mal Zehner und Zehner mal Einer Zehner ergibt,
3. Zehner mal Zehner Hunderter ergibt.

Sind die Faktoren Dezimalbrüche, so führt man die Multiplikation zunächst ohne Berücksichtigung des Kommas aus; dessen Stellung wird vorher oder zum Schluß auf Grund eines Überschlages ermittelt.

Beispiel: $\qquad 7{,}8 \cdot 0{,}43 = ?$; $\qquad 78 \cdot 43 = 3354$

Überschläglich ist $7{,}8 \approx 8$; $0{,}43 \approx 0{,}4$; $8 \cdot 0{,}4 = 3{,}2$; folglich kann das genaue Resultat nur lauten: $3{,}354$.

Auch mehr als zweistellige Zahlen könnte man nach dem Ferrolschen Verfahren multiplizieren, doch sind dann die Rechnungen weniger bequem.

e) Hat man mehr als zweistellige Zahlen miteinander zu multiplizieren, so genügt bei technischen Rechnungen meist die abgekürzte Multiplikation nach folgendem Schema:

$$\begin{array}{r} 85{,}82 \cdot 1{,}245 \\ \hline 8582 \\ 1716. \\ 343.. \\ 43... \\ \hline 106{,}84... \end{array}$$

Es wird hier nur die Multiplikation mit der 1. Ziffer des Multiplikators genau durchgeführt; bei der Multiplikation mit den folgenden Ziffern des Multiplikators vernachlässigt man folgeweise die letzte, die beiden letzten, die drei letzten usw. Stellen des vornstehenden Faktors und berücksichtigt lediglich ihren Einfluß auf die letzte Stelle.

Es ist im gegebenen Beispiel:

$8582 \cdot 1 = 8582$

$8582 \cdot 2 = 1716$ ($2 \cdot 2 = 4$ bleibt unberücksichtigt)

$8582 \cdot 4 = 343$ ($4 \cdot 8 = 32$, berücksichtigt wird hiervon nur die 3)

$8582 \cdot 5 = 43$ ($5 \cdot 6 = 30$, berücksichtigt wird die 3).

Die vernachlässigten Stellen des vornstehenden Faktors werden durchstrichen; die vernachlässigten Stellen in den Produkten kann man durch Punkte ersetzen, vor allem, wenn man gewohnt ist, die Kommastellung durch Abzählen der Stellen bis zum Komma zu bestimmen; zweckmäßig ist es indes auch hier, die Stellung des Kommas durch eine Überschlagsrechnung zu finden. Im Beispiel ist $85,92 \cdot 1,245 \approx 90 \cdot 1 = 90$; das genaue Ergebnis ist etwas größer, nämlich $= 106,84$.

Das abgekürzte Verfahren ist bei technischen Rechnungen deswegen berechtigt, weil die Zahlen, mit denen gerechnet wird, nur eine beschränkte Genauigkeit haben, und es deswegen zwecklos wäre, die Rechengenauigkeit prozentual weiter zu treiben, als der Genauigkeit der gegebenen Zahlen entspricht. Das heißt: Sind zwei vierstellige Zahlen gegeben, so braucht ihr Produkt auch nicht genauer als auf vier Stellen berechnet zu werden. Man treibt auch wohl, in der Meinung, die Auf- bzw. Abrundungsfehler vermeiden zu können, die Rechengenauigkeit um eine Stelle weiter als hiernach notwendig wäre; Sinn hat jedoch die Maßnahme im allgemeinen nicht.

f) Die Tatsache, daß die Reihenfolge der Faktoren beliebig ist, kann oft zur Erleichterung der Rechnung dienen bzw. die Rechenarbeit vermindern.

Ferner ist es von Vorteil, zu bedenken, daß:

$$2a = a + a \quad \text{z. B.} \quad 12,36 \cdot 2 = 12,36 + 12,36 = 24,72,$$

$$5a = \frac{10}{2}a \quad \text{z. B.} \quad 5 \cdot 13,4 = \frac{10 \cdot 13,4}{2} = \frac{134}{2} = 67,$$

$$0,25a = \frac{a}{4} \quad \text{z. B.} \quad 0,25 \cdot 42 = \frac{42}{4} = 10,5,$$

$$2,5 = \frac{10}{4}; \quad 25 = \frac{100}{4} \quad \text{usw.}$$

$$1,5a = a + 0,5a \quad \text{z. B.} \quad 1,5 \cdot 38,4 = 38,4 + 19,2 = 57,6,$$

$$0,333a = \frac{a}{3}; \quad 0,667a = \frac{2}{3}a \quad \text{usw.}$$

Die Quadrate der ganzen Zahlen von 1 bis 20 und die Kuben von 1 bis 10 sollte jeder technische Rechner auswendig wissen.

Beispiele: $0,05 \cdot 7,04 = 7,04 \cdot 0,05 = 0,704 \cdot 0,5 = 0,352$; $1,25 \cdot 4,08 = \frac{10}{8} \cdot 4,08 = \frac{40,8}{8} = 5,1$;

$0,15 \cdot 4,2 = \frac{1,5}{10} \cdot 4,2 = \frac{6,1}{10} = 0,61$; $\quad 0,375 \cdot 0,4 = 0,75 \cdot 0,2 = 1,5$; $\quad 62\,000 \cdot 0,00015 = 6,2 \cdot 1,5$
$= 6,2 + 3,1 = 9,3$.

g) Bei der Multiplikation algebraischer Ausdrücke ist noch folgendes zu beachten:

1. Vor Ausführung einer Multiplikation ist das Vorzeichen des Resultates aus denen der Faktoren zu bestimmen, und zwar gelten hierfür folgende Regeln:

$$(+) \cdot (+) = +; \quad (+) \cdot (-) = -; \quad (-) \cdot (+) = -; \quad (-) \cdot (-) = + . \tag{2}$$

Hierbei ist zu bedenken, daß jede Zahl ohne ein Vorzeichen stets als positiv anzusehen ist.

2. Jede Summe oder Differenz, die als Faktor steht, ist in eine Klammer zu schließen, z. B. $3\,(a + b) \neq 3\,a + b$*.

3. Das Multiplikationszeichen — der Punkt — kann auch weggelassen werden, z. B. $3 \cdot x = 3\,x$ oder $x \cdot y = xy$.

4. Der Faktor 1 kann ebenfalls geschrieben oder auch weggelassen werden; es ist also $1 \cdot a = 1a = a$ oder umgekehrt $y = 1\,y = 1 \cdot y$ usw.

5. Ein mehrgliedriger Ausdruck (Polynom) wird mit einer Zahl multipliziert, indem man jedes einzelne Glied des Polynoms (unter Berücksichtigung der Vorzeichen) multipliziert und die erhaltenen Produkte addiert, z. B.

$$(x - 2\,y + 3\,z) \cdot 2 = 2\,x - 2 \cdot 2\,y + 2 \cdot 3\,z = 2\,x - 4\,y + 6\,z.$$

6. Zwei Polynome werden miteinander multipliziert, indem man jedes einzelne Glied des einen folgeweise mit jedem einzelnen Glied des anderen multipliziert und die erhaltenen Produkte addiert, z. B. $(a + b) \cdot (x - y + z) = a\,x - a\,y + a\,z + b\,x - b\,y + b\,z$.

7. Die bereits oben erwähnte Regel: „Die Reihenfolge der Faktoren ist beliebig" gilt naturgemäß auch hier.

8. $a \cdot a = a^2$ (lies „a Quadrat"); $b \cdot b \cdot b = b^3$ (lies „b hoch drei" oder „b zur dritten Potenz"); $c \cdot c \cdot c \cdot c = c^4$ (lies „c hoch vier") usw.

Ausdrücke von der Form a^n („a hoch n") nennt man Potenzen.

h) Die Anwendung der hier gegebenen Rechenregeln führt auf einige wichtige Gleichungen, von denen wir anführen:

$$(a + b)^2 = a^2 + 2\,ab + b^2 \quad (3) \qquad (a \pm b)^3 = a^3 \pm 3\,a^2 b + 3\,ab^2 \pm b^3 \qquad (4)$$

$$(a - b)^2 = a^2 - 2\,ab + b^2 \quad (5) \qquad (x + a)\,(x + b) = x^2 + (a + b)\,x + ab \qquad (6)$$

$$(a + b)\,(a - b) = a^2 - b^2 \quad (7)$$

Diese Gleichungen können auch auf das praktische Zahlenrechnen mit Erfolg angewendet werden.

$$\text{Beispiel:} \qquad 8{,}2^2 = (8 + 0{,}2)^2 = \quad \begin{aligned} 64 \quad &(= a^2 = 8^2) \\ 3{,}2 \quad &(= 2\,ab = 2 \cdot 0{,}2 \cdot 8) \\ \underline{0{,}04} \quad &(= b^2 = 0{,}2^2) \\ 67{,}24 \quad & \end{aligned}$$

Man erkennt, daß das letzte Glied $(0{,}2^2)$ wegen seiner Kleinheit u. U. vernachlässigt werden darf, so daß, wenn $b \ll a$ (lies b wesentlich kleiner als a) angenähert gilt

$$(a + b)^2 \approx a^2 + 2\,ab. \qquad (8)$$

Es ist $\quad 61 \cdot 59 = (60 + 1)\,(60 - 1) = 60^2 - 1^2 = 3600 - 1 = 3599.$

Auch hier kann die Näherungsformel

$$(a + b)\,(a - b) \approx a^2 \qquad (9)$$

benutzt werden.

i) Gleichungen, die eine Rechenvorschrift oder sonstige Regel oder auch einen Lehrsatz einschließen, nennt man eine Formel. Meistens macht es weniger Mühe, sich die Formel einzuprägen als den Lehrsatz, den sie darstellt.

Die Rechenvorschrift bzw. der Lehrsatz, den z. B. die Formel (7)

$$(a + b) \cdot (a - b) = a^2 - b^2$$

symbolisch darstellt, könnte etwa folgendermaßen in Worte gekleidet werden: „Das Produkt aus der Summe und der Differenz zweier Zahlen ist gleich der Differenz der Quadrate der beiden Zahlen." Dabei ist diese Rechenvorschrift noch nicht einmal ganz vollständig, weil sie die Vorzeichenfrage noch offen läßt. Erst durch Hinzu-

---

* Das Zeichen $\neq$ lies „ungleich" oder „verschieden von".

fügen eines zweiten Satzes, etwa des folgenden: „Das Ergebnis erhält das Vorzeichen der Differenz der gegebenen beiden Zahlen", könnte dieser Schönheitsfehler beseitigt werden. Man erkennt jedenfalls schon an diesem einfachen Beispiel den hervorragenden Wert der symbolischen Schreibweise: Sie erspart viele Worte und drückt dabei die mathematischen Zusammenhänge auf kürzeste und dabei doch völlig exakte Weise aus. Im übrigen beachte man, daß alle die durch Formeln gegebenen Rechenregeln **Kannvorschriften**, nicht **Mußvorschriften** sind, d. h. daß man sie überall da, wo es beliebt und von Vorteil erscheint, anwenden **darf**, aber nicht immer und überall anwenden **muß**.

4. Die Division.

a) In der Gleichung $a:b = c$ nennt man a den **Dividend**, b den **Divisor**, c den **Quotient**. Jede Divisionsaufgabe läßt sich auch als gemeiner Bruch schreiben: $a:b = \dfrac{a}{b}$. In dem Bruche $\dfrac{a}{b}$ nennt man a den **Zähler**, b den **Nenner**. Brüche, deren Nenner eine Potenz mit ganzen Exponenten von 10 ist, also Brüche mit den Nennern 10, 100, 1000 usw., können als Dezimalbrüche geschrieben werden, z. B.

$$\frac{31}{100} = 0{,}31; \qquad \frac{31}{1000} = 0{,}031 \text{ usw.}$$

Ein gemeiner Bruch wird in einen Dezimalbruch verwandelt, indem man den Zähler durch den Nenner dividiert, z. B.

$$\frac{3}{8} = 3:8 = 0{,}375\,000; \qquad \frac{3}{7} = 3:7 = 0{,}428\,571\,428\,571 \ldots \ (= \text{periodischer}$$
$$\text{Dezimalbruch}).$$

Ist die Rechnung $a:b = c$ richtig und vollständig durchgeführt, so muß nach der obigen Definition $c \cdot b = a$, d. h. **Quotient mal Divisor gleich Dividend** sein ($=$ Probe!). Bricht man die Rechnung nach einigen Stellen ab, so wird diese Bedingung nicht scharf erfüllt sein können.

b) Ist der Divisor eine mehrstellige Zahl, so verwendet man oft mit Vorteil das Verfahren der abgekürzten Division an, das darin besteht, daß man der Reihe nach die letzte, vorletzte usw. Stelle des Divisors vernachlässigt.

Beispiel:
$$76{,}48 : 3{,}492 = 21{,}92$$
$$\underline{6984}$$
$$664$$
$$\underline{349}$$
$$315$$
$$\underline{309}$$
$$6$$

c) Für das Rechnen mit **Brüchen** gelten folgende Regeln:

1. Ein Bruch wird mit einer ganzen Zahl multipliziert, indem man den Zähler des Bruches mit dieser Zahl multipliziert und das Produkt durch den Nenner des Bruches dividiert:

$$a \cdot \frac{x}{y} = \frac{a\,x}{y}; \qquad 3 \cdot \frac{2}{7} = \frac{3 \cdot 2}{7} = \frac{6}{7}. \tag{10}$$

2. Zwei und mehrere Brüche werden miteinander multipliziert, indem man das Produkt der Zähler durch das der Nenner dividiert:

$$\frac{a}{b} \cdot \frac{x}{y} = \frac{a\,x}{b\,y}; \qquad \frac{2}{3} \cdot \frac{4}{5} = \frac{2 \cdot 4}{3 \cdot 5} = \frac{8}{15}. \tag{11}$$

3. Ein Bruch bleibt seinem Werte nach unverändert, wenn man seinen Zähler und seinen Nenner gleichzeitig mit derselben Zahl multipliziert ($=$ erweitert) oder durch dieselbe Zahl dividiert ($=$ kürzt):

$$\frac{a}{b} = \frac{a\,x}{b\,x}; \qquad \text{z. B.} \quad \frac{2}{3} = \frac{2 \cdot 7}{3 \cdot 7} = \frac{14}{21} \text{ usw. (Erweitern)}; \tag{12}$$

$$\frac{3\,a}{6\,b} = \frac{a}{2\,b}; \qquad \frac{3{,}2\,x}{0{,}8\,y} = \frac{32\,x}{8\,y} = \frac{4\,x}{y} \quad \text{(Kürzen)}.$$

4. Gleichnamige Brüche, das sind solche mit gleichen Nennern, werden addiert, indem man die Summe der Zähler durch den gemeinsamen Nenner dividiert:

$$\frac{a}{x} + \frac{b}{x} = \frac{a+b}{x}; \qquad \text{z. B.} \quad \frac{3}{7} + \frac{2}{7} = \frac{5}{7}. \tag{13}$$

5. Ungleichnamige Brüche können erst addiert werden, nachdem sie zuvor durch Erweitern auf den gleichen Nenner gleichnamig gemacht wurden:

$$\frac{a}{b} + \frac{x}{y} = \frac{ay}{by} + \frac{xb}{by} = \frac{ay+bx}{by} \quad \text{oder} \quad \frac{2}{3} + \frac{1}{2} = \frac{2\cdot 2}{6} + \frac{1\cdot 3}{6} = \frac{4}{6} + \frac{3}{6} = \frac{7}{6};$$

$$\frac{1}{a} + \frac{1}{b} = \frac{b}{ab} + \frac{a}{ab} = \frac{a+b}{ab}; \qquad \frac{1}{a} - \frac{1}{y} = \frac{y-x}{xy}.$$

Oft sind mehrere der hier zusammengestellten Regeln anzuwenden, z. B.:

$$4,16 \cdot \frac{0,675}{0,832} = \frac{4,16 \cdot 0,675}{0,832} = \frac{4,16 \cdot 0,675 \cdot 10}{8,32} = \frac{0,675 \cdot 10}{2} = 0,3375 \cdot 10 = 3,375;$$

$$\frac{0,64}{18,3} \cdot \frac{0,366}{0,0128} = \frac{64 \cdot 36,6 \cdot 10000}{100 \cdot 18,3 \cdot 100 \cdot 128} = \frac{\overset{2}{\cancel{64 \cdot 36,6}}}{\underset{2}{\cancel{18,3 \cdot 128}}} = \frac{2}{2} = 1,000.$$

d) Wir sahen (Kap. 2, f), daß eine Subtraktion in eine Addition dadurch verwandelt werden kann, daß man den Subtrahenden mit umgekehrtem Vorzeichen zum Minuenden addiert. Ähnlich läßt sich auch eine Divisionsaufgabe in eine Multiplikationsaufgabe umwandeln: Statt eine Zahl durch eine andere zu dividieren, kann man sie nämlich mit dem reziproken Wert des Divisors multiplizieren. Der reziproke Wert eines Bruches ist der Bruch, den man erhält, wenn man Zähler und Nenner des gegebenen Bruches miteinander vertauscht. Es sind daher folgende Werte einander reziprok:

$$\frac{a}{b} \text{ und } \frac{b}{a}; \qquad \frac{1}{a\cdot b} \text{ und } ab; \qquad \frac{1}{x} \text{ und } x; \qquad 0 \text{ und } \infty.$$

$$y \text{ und } \frac{1}{y} \left(\text{weil } y = \frac{y}{1} \text{ ist}\right).$$

Das Produkt zweier reziproker Zahlen ist also immer 1, da ja

$$x \cdot \frac{1}{x} = 1. \tag{14}$$

Es ist nun nach dem Gesagten:

$$a : \frac{x}{y} = a \cdot \frac{y}{x}. \tag{15}$$

Beispiele:
$$1,6 : 1,5 = 1,6 : \frac{3}{2} = 1,6 \cdot \frac{2}{3} = 1,07;$$

$$\frac{\pi \cdot 1,333}{0,375} : \frac{0,785 \cdot 0,667}{0,5} = \frac{\pi \cdot \dfrac{4}{3}}{\dfrac{3}{8}} \cdot \frac{\dfrac{1}{2}}{\dfrac{\pi}{4} \cdot \dfrac{2}{3}} = \frac{\pi \cdot 4 \cdot 1 \cdot 8 \cdot 4 \cdot 3}{3 \cdot 2 \cdot 3 \cdot \pi \cdot 2} = \frac{32}{3} = 10,67.$$

e) Ein algebraischer Ausdruck wird durch eine einzelne Zahl oder einen Bruch nach bereits bekannten Regeln dividiert, z. B.

$$\frac{3x^2 - 2x + 1}{x} = \frac{3x^2}{x} - \frac{2x}{x} + \frac{1}{x} = 3x - 2 + \frac{1}{x}.$$

Aber auch für die Division zweier mehrgliedriger Ausdrücke gelten dieselben Regeln, wie wir sie bei der Division zweier spezieller Zahlen anzuwenden gewohnt sind. Die Reihenfolge der Operationen ist hier wie dort folgende:

1. Division der ersten (= größten) Zahl des Dividenden durch die zuerst stehende (= größte) Zahl des Divisors.

2. Multiplikation des ganzen Divisors mit der unter 1. gefundenen Zahl.

3. Subtraktion des unter 2. gefundenen Produktes vom Dividenden (= Rest).

4. Division des Restes durch die erste Zahl des Divisors wie bei 1 usw.

Beispiel:
$$(6\,x^2 - 17\,xy + 12\,y^2) : (3\,x - 4\,y) = 2\,x - 3\,y$$
$$\begin{array}{l} 6\,x^2 - 8\,xy \\ \hline 9\,xy + 12\,y^2 \\ 9\,xy + 12\,y^2 \\ \hline \end{array}$$

Die Rechnung geht hier also ohne Rest auf, was durchaus nicht immer der Fall zu sein braucht. Als Rechenkontrolle hat man auch wieder die Beziehung Quotient mal Divisor gleich Dividend.

5. Das Zerlegen in Faktoren.

a) Die Gleichung $21 : 7 = 3$ ist deswegen richtig, weil $7 \cdot 3 = 21$. Es ist also nur dann $a : b = c$, wenn $b \cdot c = a$ ist. Bei der Division handelt es sich also ganz allgemein um die Aufgabe, eine gegebene Zahl in zwei Faktoren zu zerlegen, deren einer gegeben ist.

Das „Zerlegen in Faktoren" spielt als besondere Aufgabe auch sonst eine Rolle, und zwar vornehmlich bei algebraischen Ausdrücken; aber auch beim Zahlenrechnen kommt es gelegentlich vor, und zwar handelt es sich hierbei meist um die Zerlegung einer Zahl in kleinste, sog. Primfaktoren, das sind solche Zahlen, die außer durch sich selbst und durch 1 durch keine andere ganze Zahl ohne Rest teilbar sind[1]. So ist z. B. die Zahl 360 in Primfaktoren zerlegt:
$$360 = 2 \cdot 2 \cdot 2 \cdot 3 \cdot 3 \cdot 5.$$

Beim Rechnen mit Brüchen ist diese Zerlegung in Primfaktoren oft von Vorteil, nämlich dann, wenn es sich darum handelt, den sog. Hauptnenner für mehrere ungleichnamige Brüche zu bestimmen. Man findet ihn, indem man sämtliche Nenner in Primfaktoren zerlegt, und von diesen Faktoren alle diejenigen (Faktoren oder auch Faktorenprodukte), die in sämtlichen gegebenen Nennern gleichzeitig auftreten, soweit streicht, als sie in dem Produkt mit dem größten Vielfachen des betreffenden Faktors enthalten sind. Das Produkt aus den übrigbleibenden Faktoren ist der gesuchte Hauptnenner.

Beispiel:
$$\frac{3}{88} + \frac{5}{132} = ?$$

Der Hauptnenner aus 88 und 132 ist $2 \cdot 2 \cdot 2 \cdot 11 \times \cancel{2} \cdot \cancel{2} \cdot 3 \cdot \cancel{11} = 2 \cdot 2 \cdot 2 \cdot 11 \cdot 3 = 264$, also
$$\frac{3}{88} + \frac{5}{132} = \frac{3 \cdot 3}{88 \cdot 3} + \frac{5 \cdot 2}{132 \cdot 2} = \frac{9}{264} + \frac{10}{264} = \frac{19}{264}.$$

b) Ist bei einer algebraischen Summe ein und derselbe Faktor in sämtlichen Summanden erkennbar, so kann dieser Faktor „ausgesondert" (oder weniger schön ausgedrückt: „ausgeklammert") werden. Schematisch verfährt man hierbei in der Weise, daß man den gemeinsamen Faktor vor eine Klammer setzt und in diese die durch den gemeinsamen Faktor dividierten Summanden des gegebenen Ausdrucks schreibt.

Beispiele:
$$3\,x - 12\,y = 3\,(x - 4\,y);$$
$$a\,x + b\,y - a\,y - b\,x = a\,(x - y) - b\,(x - y) = (x - y)\,(a - b);$$
$$6\,a - 9\,a\,y = 3\,a\,(2 - 3\,y); \qquad a\,b - a = a\,(b - 1).$$

In Faktoren zerlegt werden kann auch auf Grund bekannter Formeln. Von diesen führen wir hier an:
$$a^2 - b^2 = (a + b)\,(a - b) \quad (16) \qquad x^2 + (a + x)\,x + a\,b = (x + a)\,(x + b) \quad (17)$$

---

[1] Siehe die Faktorentafel 1 bis 10 000 in Heft 4: Wechselräderberechnung.

Beispiele: $9\,x^2 - 0{,}01\,y^2 = (3\,x + 0{,}1\,y)(3\,x - 0{,}1\,y)$; $x^2 - 6\,x + 8 = (x-4)(x-2)$; denn $-4-2 = -6$; $(-4)(-2) = +8$.

$$x^2 - 1 = (x+1)(x-1); \qquad \frac{a^2-1}{a^2+2a+1} = \frac{(a+1)(a-1)}{(a+1)(a+1)} = \frac{a-1}{a+1}.$$

6. Potenzen.

a) Eine Potenz ist ein Ausdruck von der Form a^n (lies „a hoch n"); er bedeutet ein Produkt aus n gleichen Faktoren, von denen jeder a ist. Die Zahl a, die mehrmals als Faktor gesetzt werden soll, heißt Basis; die Zahl, die angibt, wie oft die Basis als Faktor gesetzt werden soll, heißt Potenzexponent oder kurz Exponent. Also

$$a^n = a \cdot a \cdot a \ldots (n \text{ Faktoren}) \tag{18}$$

Für das Rechnen mit Potenzen gelten folgende Regeln:

$$a^x \cdot a^y \cdot a^{x+y} \qquad (19); \qquad \text{z. B. } a^3 \cdot a^7 = a^{10}.$$

$$\frac{a^x}{a^y} = a^{x-y} = \frac{1}{a^{y-x}} \qquad (20); \qquad \text{z. B. } \frac{a^5}{a^3} = a^2; \qquad \frac{a^3}{a^7} = \frac{1}{a^4}.$$

$$(a \cdot b)^x = a^x \cdot b^x \qquad (21); \qquad (a^x)^y = (a^y)^x = a^{xy} \qquad (22).$$

Merke ferner:

$$a^0 = 1 \quad (23); \qquad a^1 = a; \; a^{-1} = \frac{1}{a} \quad (24); \qquad \frac{1}{a^n} = a^{-n} \quad (25).$$

Beispiele: $a^7 \cdot a = a^8$; $\quad \dfrac{a^3}{b^5} : \dfrac{a^5}{b^3} = \dfrac{a^3 \cdot b^3}{b^5 \cdot a^5} = \dfrac{1}{a^2 b^2} = \dfrac{1}{(ab)^2} = \left(\dfrac{1}{ab}\right)^2$;

$$\frac{(4\,a\,b^2)^2}{(2\,a^2 b)^3} = \frac{16\,a^2 b^4}{8\,a^6 b^3} = \frac{2\,b}{a^4}; \qquad \left(\frac{3\,x^2}{x\,y^2}\right)^2 = \left(\frac{3\,x}{y^2}\right)^2 = \frac{9\,x^2}{y^4}.$$

b) Für das praktische Rechnen von besonderer Bedeutung sind die Zehnerpotenzen. Es ist:

$$10^3 = 1000; \qquad 10^2 = 100; \qquad 10^1 = 10; \qquad 10^0 = 1.$$

$$10^{-1} = \frac{1}{10} = 0{,}1; \quad 10^{-2} = \frac{1}{10^2} = 0{,}01; \quad 10^{-3} = \frac{1}{10^3} = 0{,}001; \quad 10^{-4} = \frac{1}{10^4} = 0{,}0001.$$

Das Rechnen mit den Zehnerpotenzen bietet oft große Vorteile, da es möglich ist, mit ihrer Hilfe manche Zahlen so umzuformen, daß sie für die Rechnung bequem werden, z. B. $0{,}00048 = 4{,}8 \cdot 10^{-4}$ usw.

Beispiele:

$$\frac{0{,}0007 \cdot 14}{0{,}00028} = \frac{7 \cdot 10^{-4} \cdot 14}{28 \cdot 10^{-5}} = \frac{7}{2 \cdot 10^{-1}} = 35; \qquad \frac{0{,}00036 \cdot 1200\,000}{0{,}018} = \frac{36 \cdot 10^{-5} \cdot 12 \cdot 10^5}{18 \cdot 10^{-3}} = 24\,000.$$

c) Mit Hilfe der Regeln für die Multiplikation läßt sich nachweisen, daß

$$(a + b)^3 = a^3 + 3\,a^2 b + 3\,a b^2 + b^3 \tag{26}$$

und

$$(a + b)^4 = a^4 + 4\,a^3 b + 6\,a^2 b^2 + 4\,a b^3 + b^4 \text{ ist.} \tag{27}$$

Man erkennt, daß durch das Ausmultiplizieren jede Binom-Potenz in eine sog. Reihe entwickelt wird, in der die Glieder nach fallenden Potenzen von a und nach steigenden Potenzen von b geordnet sind. Führt man statt a und b spezielle Zahlen ein, so findet man, daß die einzelnen Summanden der Reihe, von links nach rechts betrachtet, immer kleiner werden, wenn $b < a$, und zwar um so schneller, je kleiner b gegen a ist — eine Tatsache, die für das praktische Rechnen von großer Bedeutung ist.

Die Koeffizienten bei den einzelnen Summanden der Reihe heißen Binomialkoeffizienten.

Beispiel: $(1 + \alpha t)^3 = 1 + 3\,\alpha t + 3\,\alpha^2 t^2 + \alpha^3 t^3$ für $\alpha \cdot t = 0{,}002$ wird: $(1 + \alpha t)^3 = 1 + 0{,}006 + 0{,}000012 + 0{,}000000008 \approx 1{,}006$, d. h. schon das 3. Glied kann hier vernachlässigt werden, und es genügt, zu setzen: $(1 + \alpha t)^3 = 1 + 3\,\alpha t$.

7. Wurzeln.

a) Unter der n. Wurzel aus a (geschrieben: $\sqrt[n]{a}$) versteht man jene Zahl b, deren n. Potenz den Wert a hat; es ist also

$$\sqrt[n]{a} = b, \quad \text{wenn} \quad b^n = a \quad \text{ist.} \tag{28}$$

Die Zahl a, aus der die Wurzel gezogen werden soll, heißt Radikand; die Zahl n, mit der man den Wurzelwert b potenzieren muß, um den Radikanden zu erhalten, heißt Wurzelexponent.

Folgende Sätze sind zu merken:

$$\left.\begin{aligned} \sqrt[n]{a} &= a^{\frac{1}{n}}; \\ \sqrt[n]{a^x} &= a^{\frac{x}{n}}; \end{aligned}\right\} \quad (29) \quad \begin{aligned} &\text{d. h. jede Wurzel läßt sich als} \\ &\text{Potenz mit gebrochenem Ex-} \\ &\text{ponenten schreiben} \end{aligned} \qquad \sqrt[n]{a^m} = \left(\sqrt[n]{a}\right)^m; \tag{32}$$

$$\sqrt[n]{a} \cdot \sqrt[n]{b} = \sqrt[n]{ab}; \tag{30}$$

$$\sqrt[m]{\sqrt[n]{a}} = \sqrt[n]{\sqrt[m]{a}} = \sqrt[m \cdot n]{a}; \tag{33}$$

$$\sqrt[n]{\frac{a}{b}} = \frac{\sqrt[n]{a}}{\sqrt[n]{b}}; \tag{31}$$

$$\sqrt[n]{a} = \sqrt[n \cdot x]{a^x}. \tag{34}$$

Merke ferner:
$$a^{\frac{1}{2}} = \sqrt{a}; \qquad a^{-\frac{x}{y}} = \frac{1}{\sqrt[y]{a^x}}.$$

Der Wurzelexponent 2 wird nicht mitgeschrieben; die zweite Wurzel heißt auch **Quadratwurzel** oder kurz **Wurzel**, die dritte Wurzel auch **Kubikwurzel**. Es ist also $\sqrt{25} = \sqrt[2]{25} = 5$, denn $5^2 = 25$.

Beispiele:
$$\sqrt{a} \cdot \sqrt{a} = \sqrt{a^2} = a; \qquad \frac{\sqrt{a}}{\sqrt[3]{a}} = \frac{\sqrt[6]{a^3}}{\sqrt[6]{a^2}} = \sqrt[6]{\frac{a^3}{a^2}} = \sqrt[6]{a}; \qquad \frac{1}{a^{-0.333}} = a^{0,333} = a^{\frac{1}{3}} = \sqrt[3]{a}.$$

b) Die Quadratwurzel aus gegebenen Zahlen kann nach bestimmten Regeln bis auf beliebig viele Stellen ausgezogen werden. Für viele Zwecke genügt jedoch die näherungsweise Berechnung auf Grund der Formel:

$$\sqrt{a^2 \pm b} = a \pm \frac{b}{2a} \quad (\text{wenn } b \ll a). \tag{35}$$

Beispiele:
$$\sqrt{65,6} = \sqrt{64 + 1,6} = \sqrt{8^2 + 1,6} = 8 + \frac{1,6}{16} = 8,10;$$

$$\sqrt{200} = \sqrt{196 + 4} = \sqrt{14^2 + 4} = 14 + \frac{4}{28} = 14,14.$$

$$\sqrt{1,92} = \sqrt{1,96 - 0,04} = \sqrt{1,4^2 - 0,04} = 1,4 - \frac{0,04}{2,8} = 1,386.$$

c) Kubikwurzeln zieht man am zweckmäßigsten mit Hilfe einer Tafel (siehe Kapitel 14) oder auf Grund einer Näherungsgleichung. (Vgl. Kapitel 25).

8. Logarithmen.

a) Begriffsbestimmung. Alle Rechnungsarten lassen sich umkehren; so ist beispielsweise die Subtraktion die Umkehrung der Addition, die Division die Umkehrung der Multiplikation. Ebenso kann das Radizieren als eine Umkehrung des Potenzierens angesehen werden. Das Logarithmieren ist eine zweite Umkehrung des Potenzierens. Ist nämlich $\quad b^n = a,$

so folgt zunächst $\qquad\qquad b = \sqrt[n]{a} \qquad$ (1. Umkehrung);

ferner folgt noch $\qquad\qquad n = {}^{(b)}\!\log a \qquad$ (2. Umkehrung) (lies: $n = $ Logarithmus a in bezug auf die Basis b). Die Zahl b heißt logarithmische Basis; die Zahl a heißt Logarithmand. Die beiden Gleichungen

$$n = {}^{(b)}\log a \quad \text{und} \quad b^n = a \tag{36}$$

gehören also zusammen; sie enthalten die Definition des Logarithmus:

Der Logarithmus einer Zahl ist derjenige Potenzexponent, mit dem man die logarithmische Basis potenzieren muß, um den Logarithmanden zu erhalten.

Die Berechnung der Logarithmen aus dem Logarithmanden und der logarithmischen Basis ist mit den uns bisher bekannten algebraischen Hilfsmitteln im allgemeinen sehr umständlich; die Logarithmen sind eben keine algebraischen, sondern, wie man sagt, transzendente Funktionen. Auch die trigonometrischen Funktionen gehören zu den transzendenten.

Ist der Logarithmand eine erkennbare Potenz der logarithmischen Basis, so kann der Logarithmus ohne eine eigentlich logarithmische Rechnung bestimmt werden. Es ist beispielsweise ${}^{(2)}\log 32 = x$ zu berechnen. Nach unserer Definition ist also derjenige Exponent (im Beispiel x) gesucht, mit dem die logarithmische Basis (im Beispiel 2) potenziert werden muß, um den Logarithmanden (im Beispiel 32) zu erhalten. Daher $2^x = 32$ und hieraus unmittelbar $x = 5$, denn $2^5 = 32$, d. h. ${}^{(2)}\log 32 = 5$.

Ähnlich findet man ${}^{(5)}\log 25 = 2$, denn $5^2 = 25$; ${}^{(10)}\log 1000 = 3$, denn $10^3 = 1000$.

d) Die Logarithmengesetze. Mit Hilfe der Potenzgesetze lassen sich die folgenden Sätze ableiten[1]:

$$\log (a\,b) = \log a + \log b; \quad (37) \qquad \log a^n = n \cdot \log a; \quad (39)$$

$$\log \left(\frac{a}{b}\right) = \log a - \log b; \quad (38) \qquad \log \sqrt[n]{a} = \frac{1}{n} \log a. \quad (40)$$

Anwendung finden die Logarithmengesetze zur genaueren Berechnung verwickelterer algebraischer Ausdrücke, besonders zur Berechnung höherer Potenzen und Wurzeln.

Nachstehend einige Beispiele, welche die Umformung eines Ausdrucks mit Hilfe der Logarithmengesetze, den sog. logarithmischen Ansatz, erläutern sollen:

$$\log \sqrt{\frac{a \cdot b^3}{c \cdot \sqrt{d}}} = \frac{1}{2} \log \frac{a\,b^3}{c \cdot \sqrt{d}} = \frac{1}{2}\left(\log a + 3\log b - \log c - \frac{1}{2}\log d\right);$$

$$\log \frac{a^2 \sqrt{b}}{\pi} \sqrt{\frac{c}{\sqrt{d}}} = 2\log a + \frac{1}{2}\log b - \log \pi + \frac{1}{2}\left(\log c - \frac{1}{2}\log d\right).$$

e) Die Briggsschen Logarithmen. Die Gesamtheit aller auf die gleiche Basis bezogenen Logarithmen nennt man ein Logarithmensystem. Wenngleich jede beliebige Zahl als Basis eines Logarithmensystems gewählt werden kann, bietet doch gerade die Basis 10 mancherlei Vorteile, auf die weiter unten noch eingegangen werden wird. Es ist das Verdienst des englischen Mathematikers Henry Briggs, die Zahl 10 als gebräuchliche Basis der Logarithmen eingeführt zu haben, weswegen die auf 10 bezogenen Logarithmen auch Briggssche Logarithmen genannt werden.

Im Briggsschen Logarithmensystem[2] ist:

---

[1] Die logarithmische Basis ist hier, gemäß den Vorschlägen des Normenausschusses, weggelassen worden, da ja die Logarithmengesetze für jede beliebige Basis gelten.

[2] Die genormte Bezeichnung für den Briggsschen Logarithmus ist „lg" (statt log).

$$\lg 100 = 2, \text{ denn } 10^2 = 100; \qquad \lg 0,1 \ = -1, \text{ denn } 10^{-1} = 0,1;$$
$$\lg 10 \ \ = 1, \text{ denn } 10^1 = 10; \qquad \lg 0,01 = -2, \text{ denn } 10^{-2} = 0,01.$$
$$\lg 1 \ \ \ = 0, \text{ denn } 10^0 = 1; \qquad\qquad \text{usw.}$$

log 2 muß hiernach zwischen 1 und 0 liegen, aus einer Logarithmentafel (siehe S. 26) kann man entnehmen $\log 2 = 0,3010$. Die spezielle Zahl, deren Logarithmus aufzusuchen ist, und die wir allgemein Logarithmand nennen, heißt auch Numerus.

Der Logarithmus selbst wird durch das Komma in zwei Teile zerlegt: die Zahl vor dem Komma heißt Kennziffer, die Zahl dahinter heißt Mantisse. Im allgemeinen können aus den Logarithmentafeln lediglich die Mantissen entnommen werden; die Kennziffern muß man jeweils aus dem Stellenwert des betreffenden Numerus ableiten.

$$
\begin{array}{lllll}
\text{Beispiele:} & \lg \ \ 2 = 0,3010 & \qquad & \lg 0,2 \ \ \ = 0,3010 - 1 \\
\text{daher} & \lg \ 20 = 1,3010 & & \lg 0,02 \ \ = 0,3010 - 2 \\
\text{(denn} & \lg 20 = \lg 10 \cdot 2 = \lg 10 + \lg 2!) & & \lg 0,002 = 0,3010 - 3 \\
& \lg 200 = 2,3010 & & \qquad\qquad \text{usw.}
\end{array}
$$

Für die Größe der Kennziffer lassen sich somit folgende Regeln aufstellen:

a) Wenn der Numerus größer als 1, so ist die Kennziffer gleich der Anzahl der Ziffern vor dem Komma, vermindert um 1.

b) Bei Dezimalbrüchen, die kleiner als 1 sind, ist die Kennziffer negativ, und zwar gleich der Anzahl der vor der ersten Ziffer stehenden Nullen einschließlich der vor dem Komma.

c) Die Mantissen sind immer positiv, z. B. $\log 2 = 0,3010$; daher $\log 20\,000 = 4,3010$; $\log 0,0002 = 0,3010 - 4 = -3,6990$. Gleiche Ziffernfolgen haben also gleiche Mantissen — eine Eigentümlichkeit, die lediglich den Briggsschen (dekadischen) Logarithmen zukommt, und die den Hauptgrund für ihre allgemeine Einführung bildet.

Je nach dem Grade der verlangten Genauigkeit rechnet man mit 4-, 5-, 6-, 7-, auch 10stelligen Logarithmen. Für rein technische Rechnungen genügen 4stellige Tafeln im allgemeinen vollständig. Zwischenwerte sind nach spater gegebenen Regeln (siehe S. 22f.) zu interpolieren.

f) Natürliche Logarithmen. Die im vorstehenden behandelten, auf die Basis 10 bezogenen Briggsschen Logarithmen werden auch gemeine Logarithmen genannt im Gegensatz zu den Napierschen oder natürlichen Logarithmen, welche die Zahl $e = 2,718\,281\,828\,4 \ldots$ zur Basis haben, d. h. im natürlichen Logarithmensystem denkt man sich alle Zahlen umgerechnet als Potenzen der Basis e.

Aus $e^y = x$ folgt $^{(e)}\!\log x = y$. Dafür schreibt man gewöhnlich $y = \ln x$ und liest das: „y gleich Logarithmus naturalis x"; es ist also: $y = \ln x$, wenn $x = e^y$. (41) Für das Rechnen mit natürlichen Logarithmen gelten naturgemäß dieselben Gesetze wie für die gemeinen Logarithmen, doch ist das Rechnen weniger bequem, da die Kennziffer ja hier keinen direkten Anhalt für die Stellenzahl des Numerus bietet und umgekehrt. Natürliche Logarithmen können jedoch leicht in Briggssche umgerechnet werden mit Hilfe der Formel $\lg x = M \ln x$ (42)

Umgekehrt ist: $\ln x = \dfrac{\lg x}{M}$, das bedeutet: Die gemeinen und die natürlichen Logarithmen derselben Zahlen unterscheiden sich lediglich um einen konstanten Faktor M, den sog. Modulus. Es ist

$$M = 0,43429 \ldots \tag{43}$$

Beispiel: $\qquad\qquad \ln 2 = \dfrac{\lg 2}{M} = \dfrac{0,301}{0,434} = 0,693.$

g) Aus $a^0 = 1$ folgt $^{(a)}\log 1 = 0$; aus $a^1 = a$ folgt $^{(a)}\log a = 1$.   (44)

Wir sehen weiter, daß $\lg 0,1 = -1$, $\lg 0,01 = -2$, $\lg 0,001 = -3$ usw. Durch Weiterführung dieses Schemas läßt sich zeigen, daß schließlich

$$\lg 0 = -\infty. \tag{45}$$

werden muß. Der Logarithmus von 0 ist — übrigens in jedem Logarithmensystem — minus unendlich. Für Zahlen, die kleiner als Null sind, d. h. für negative Nummeri, lassen sich reelle Logarithmen nicht angeben; sie sind für negative Zahlen imaginär[1] bzw. komplex. Trotzdem lassen sich logarithmische Rechnungen auch mit negativen Zahlen vornehmen, wenn man die Vorzeichen bei der logarithmischen Rechnung vernachlässigt, im Resultat indes wieder berücksichtigt.

h) Endlich mögen nochmals die genormten Bezeichnungen für die Logarithmen der verschiedenen Systeme zusammengestellt werden. Es bedeutet

$\log x$ den Logarithmus von x in einem beliebigen System,

$^{(b)}\log x$ den Logarithmus von x in bezug auf die Basis b,

$\lg x$ den Briggsschen Logarithmus von x,

$\ln x$ den natürlichen Logarithmus von x.

9. Das Rechnen mit Winkeln.

a) Der Zentriwinkel α eines Kreises (Abb. 1) kann auf mehrfache Weise angegeben werden, und zwar 1. im Gradmaß, 2. im Bogenmaß, 3. trigonometrisch.

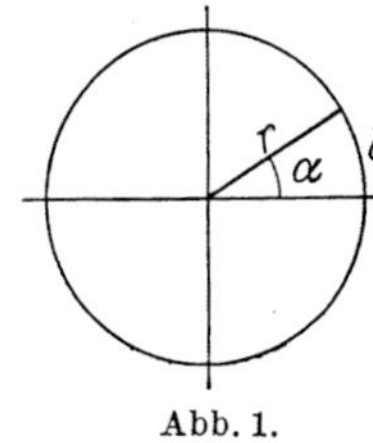

Abb. 1.

Im Gradmaß setzt man die Winkelsumme um einen Punkt gleich 360° oder vier rechten Winkeln ($= 4R$), so daß also auf einen rechten Winkel 90° kommen. Jeder Winkelgrad (°) wird in 60 Minuten ('), jede Minute in 60 Sekunden ('') geteilt. Der größte Winkel, der als solcher zeichnerisch dargestellt werden kann, hält 360°; größere Winkel müssen so gezeichnet werden wie die um 360° kleineren Winkel, d. h. ein Winkel von beispielsweise 400° wird so gezeichnet wie ein solcher von 400° — 360° = 40°.

Beispiele: $1° 02' = 62'$; $1' = \left(\dfrac{1}{60}\right)° = 0,0167°$; $1'' = 0,0167' = 0,0002777°$;

$180° - 17° 45' 15'' = 179° 59' 60'' - 17° 45' 15'' = 162° 14' 45''$;

$(2° 50' 30'') \cdot 3 = 6° 150' 90'' = 6° 151' 30'' = 8° 31' 30''$.

b) Neben dieser „alten" Winkelteilung besteht noch eine sog. „neue Teilung", die sich, obwohl sie unserem dekadischen Zahlensystem angepaßt ist, dennoch bisher nicht allgemein hat durchsetzen können.

Bei der neuen Teilung ist der Kreis in 400 Zentigrade (^{g}) zu je 100 Zentiminuten (^{m}) zu je 100 Zentisekunden (^{s}) geteilt, so daß beispielsweise $10^g 15^m 78^s = 10,1578^g = 1015,78^m = 101578^s$ ist. Die Umrechnung von Winkelangaben alter Teilung in solche neuer Teilung und umgekehrt geschieht auf Grund der Überlegung, daß $100^g = 90°$, woraus unmittelbar folgt, daß $1^g = \left(\dfrac{90}{100}\right)° = 0,9°$ oder weiter $1° = 1,111^g$. So ist z. B. $15° 15' = 15,25° = 16,94^g$; $3^g 08^m = 3,08^g = 2,772° = 2° 16,6' = 2° 16' 40''$.

c) In einem Kreise mit dem Radius r (Abb. 1) entspricht

dem Winkel $\alpha°$ die Bogenlänge b,   dem Winkel 360° die Bogenlänge $2r\pi$; hieraus die Proportion (vgl. S. 42):

---

[1] „Imaginär" nennt man z. B. Quadratwurzeln aus negativen Zahlen, für die sich „reelle" Werte nicht angeben lassen; komplexe Zahlen entstehen durch Addition einer reellen und einer imaginären Zahl.

$$\frac{b}{2\,r\,\pi} = \frac{\alpha^\circ}{360^\circ}, \quad \text{oder nach einiger Umformung} \quad \frac{b}{r} = \frac{\alpha^\circ}{\dfrac{180^\circ}{\pi}};$$

setzt man nun $\dfrac{180^\circ}{\pi} = \varrho^\circ$, so erhält man mit

$$\frac{b}{r} = \frac{\alpha}{\varrho} \tag{46}$$

eine Formel, die für mancherlei Rechnungen vorteilhaft ist.

ϱ ist eine konstante Zahl, und zwar ist

$$\varrho^\circ = \frac{180^\circ}{\pi} = 57{,}3^\circ, \quad \text{wenn } \alpha \text{ in Graden,} \tag{47}$$

$$\varrho' = \frac{(180 \cdot 60)'}{\pi} = 3440', \quad \text{wenn } \alpha \text{ in Minuten,} \tag{48}$$

$$\varrho'' = \frac{(180 \cdot 60 \cdot 60)''}{\pi} = 206\,000'', \quad \text{wenn } \alpha \text{ in Sekunden} \tag{49}$$

in die Rechnung eingeführt wird.

Für $r = 1$, den sogen. „Einheitskreis", geht Gl. (46) über in die einfachere $b_0 = \dfrac{\alpha}{\varrho}$; man nennt hier b_0 das Bogenmaß oder den Arkus (arc) des Winkels α und schreibt

$$b_0 = \widehat{\alpha} = \mathrm{arc}\,\alpha = \frac{\alpha^\circ}{\varrho^\circ} = \frac{\alpha'}{\varrho'} = \frac{\alpha''}{\varrho''}. \tag{50}$$

Das Bogenmaß ist somit eine unbenannte Zahl (Verhältniszahl).

Die Länge des Bogens b im Kreise mit dem Radius r berechnet sich aus dem Bogenmaß zu
$$b = r \cdot b_0 = r \cdot \mathrm{arc}\,\alpha. \tag{51}$$

Beispiele: 1. $\quad \mathrm{arc}\,37^\circ = \dfrac{37^\circ}{57{,}3^\circ} = 0{,}644.$

2. Eine Riemenscheibe hat 1,5 m Durchmesser; der vom Riemen umspannte Bogen mißt 225°; mit welcher Länge liegt der Riemen auf der Scheibe auf? Welchen Winkel würde der Riemen einschließen, wenn er 200 cm aufläge?

$$\text{Lösung:} \quad b = \frac{r\alpha}{\varrho} = \frac{1{,}5 \cdot 225}{2 \cdot 57{,}3} = 2{,}95 \text{ m}; \quad \alpha = \frac{b\,\varrho}{r} = \frac{200 \cdot 57{,}3}{\dfrac{150}{2}} = 153^\circ.$$

3. Zwei Stangen stehen senkrecht in 1 m Abstand; aus welcher Entfernung (rechtwinklig zur Verbindungslinie der Stangen) müßte man sie betrachten, um sie unter einem Winkel von 1° (1', 1") zu sehen?

Lösung: 57,3 m bzw. 3440 m bzw. 206000 m.

d) Bei der **trigonometrischen Ermittlung** eines Winkels drückt man seine Größe durch das Verhältnis zweier Seiten eines rechtwinkligen Dreiecks aus, in welchem der Winkel ein Basiswinkel ist. Es gibt hier eine ganze Reihe von Möglichkeiten.

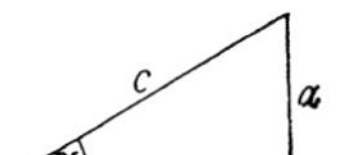

Abb. 2.

Man nennt mit Bezug auf Abb. 2 das Verhältnis der gegenüberliegenden Kathete zur Hypotenuse den **Sinus**:

$$\sin\alpha = \frac{a}{c}; \tag{52}$$

das Verhältnis der anliegenden Kathete zur Hypotenuse den **Kosinus**:

$$\cos\alpha = \frac{b}{c}; \tag{53}$$

das Verhältnis der gegenüberliegenden Kathete zur anliegenden den **Tangens**:

$$\mathrm{tg}\,\alpha = \frac{a}{b}; \tag{54}$$

das Verhältnis der anliegenden Kathete zur gegenüberliegenden den **Kotangens**:

$$\operatorname{ctg}\alpha = \frac{b}{a}\,. \tag{55}$$

Durch den Vergleich dieser sog. trigonometrischen Funktionen findet man noch eine Reihe sehr interessanter Beziehungen, z. B.

$$\operatorname{tg}\alpha = \frac{\sin\alpha}{\sin\beta}\,; \quad (56) \qquad \sin^2\alpha + \cos^2\alpha = 1\,. \quad (57)$$

Sie zu finden und zu beweisen ist Aufgabe der Goniometrie.

Über die Größen der trigonometrischen Funktionen geben Tabellen Auskunft, sofern es sich um Winkel handelt, die kleiner als 90° sind. Größere Winkel als diese müssen auf kleinere zurückgeführt werden, und zwar

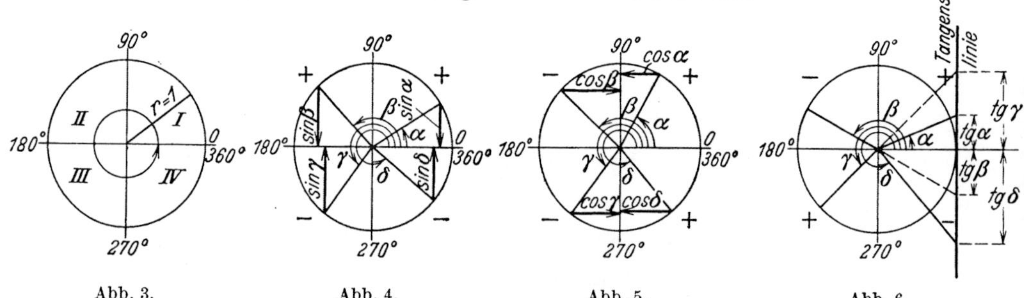

Abb. 3.   Abb. 4.   Abb. 5.   Abb. 6.

geschieht das mit Hilfe von Betrachtungen, die man an einem Hilfskreis mit dem Radius $r = 1$ (dem Einheitskreis) anstellt.

Abb. 3 zeigt einen Kreis, der durch ein Achsenkreuz in 4 Quadranten (I, II, III und IV) zerlegt ist.

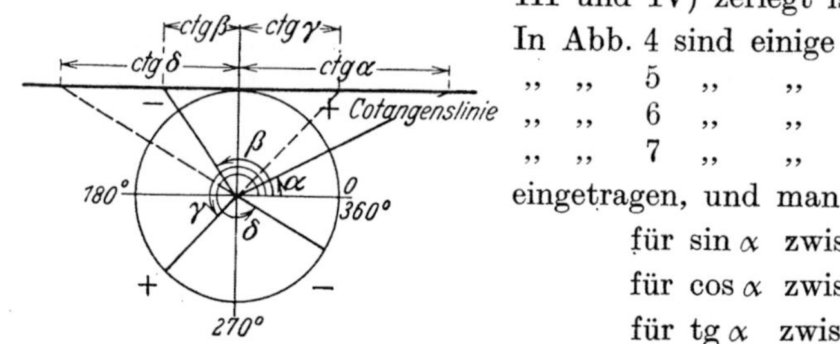

Abb. 7.

In Abb. 4 sind einige Winkel und ihre sin-Werte
,, ,, 5 ,, ,, ,, ,, ,, cos- ,,
,, ,, 6 ,, ,, ,, ,, ,, tg- ,,
,, ,, 7 ,, ,, ,, ,, ,, ctg- ,,
eingetragen, und man erkennt, daß die Werte

für $\sin\alpha$ zwischen $+1$ und -1
für $\cos\alpha$ zwischen $+1$ und -1
für $\operatorname{tg}\alpha$ zwischen $+\infty$ und $-\infty$
für $\operatorname{ctg}\alpha$ zwischen $+\infty$ und $-\infty$

liegen.

Zu jedem gegebenen Winkel, der größer als 90° ist, läßt sich ein anderer bestimmen, der, im ersten Quadranten liegend, denselben trigonometrischen Funktionswert hat wie der gegebene, abgesehen vom Vorzeichen. Diese Tatsache ermöglicht die Bestimmung der Funktionswerte auch für den Fall, daß der gegebene Winkel größer als 90° ist.

Die Vorzeichen der trigonometrischen Funktionen ergeben sich aus dem Einheitskreise für die einzelnen Quadranten wie folgt:

Quadrant	I	II	III	IV		Quadrant	I	II	III	IV	
sin	+	+	—	—		tg	+	—	+	—	
cos	+	—	—	+		ctg	+	—	+	—	(58)

Beispiele: $\sin 215° = -\sin 35°$; $\qquad \operatorname{tg} 215° = +\operatorname{tg} 35°$;

$\cos 215° = -\cos 35°$; $\qquad \operatorname{ctg} 215° = +\operatorname{ctg} 35°$.

Wichtig sind noch folgende leicht abzuleitende Formeln:

$$\sin(90 \pm \alpha) = \cos\alpha \ (59), \qquad \cos(90 - \alpha) = \sin\alpha \ (60); \qquad \operatorname{ctg} = \frac{1}{\operatorname{tg}\alpha} \ (61).$$

Beispiele: $\sin 127° = \sin 53° = \cos 37°,$ $\cos 127° = -\cos 53° = -\sin 37°,$
$$\cos 80° = \sin 10°.$$

Über die numerische Bestimmung der Funktionswerte siehe S. 27.

B. Regeln für das Rechnen mit dem Rechenschieber.

10. Einrichtung des logarithmischen Rechenschiebers.

a) Jeder Rechenschieber, oder besser gesagt Rechenstab, besteht aus **Stab**, **Zunge** und **Läufer** (vgl. Abb. 8).

Gewöhnlich besitzt der Stab zwei verschiedene logarithmische Teilungen: eine obere, die sich wiederholt, und eine untere, einfache, die demgemäß doppelt so lang ist wie jede der beiden oberen. Die Teilungen der Zunge sind genau die gleichen wie die entsprechenden des Stabes; sie beginnen sämtlich mit 1; naturgemäß kann man jedoch dem Anfangsstrich den Wert einer beliebigen ganzen Zehnerpotenz beilegen.

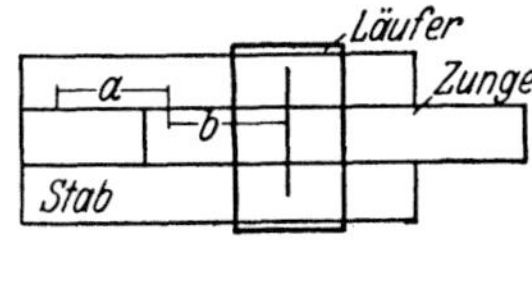

Abb. 8.

Der Läufer besteht im wesentlichen aus einer Glasscheibe, die in der Mitte einen senkrechten Strich eingeätzt trägt; gelegentlich hat er auch drei Striche. (Über die Bedeutung der beiden besonderen Striche wird weiter unten die Rede sein.)

b) Auch andere Anordnungen der Skalen sind für Sonderfälle nicht selten. Doch kann an dieser Stelle darauf nicht näher eingegangen werden.

Die für technische Zwecke normale Teilungslänge des Rechenschiebers beträgt etwa 25 cm; kürzere Längen sind nicht zu empfehlen.

11. Gebrauch des Rechenschiebers.

a) Die einzelnen mit dem Rechenschieber auszuführenden Operationen sind an sich sehr einfach und werden daher im allgemeinen bald beherrscht; gewisse Schwierigkeiten macht lediglich das Einstellen und die Ablesung der Zahlen wegen der an den einzelnen Stellen verschieden weit getriebenen Unterteilung.

Bevor mit dem eigentlichen Rechnen begonnen werden kann, muß eine gewisse Sicherheit im Einstellen bzw. Ablesen erreicht sein.

Man beginne daher seine Übungen mit dem Rechenschieber damit, daß man den (mittleren) Läuferstrich etwa auf folgende Zahlen zunächst auf der oberen, dann auf der unteren Stabteilung einstellt: 2 3 3,5 4,2 4,55 56,7 4300 4,785 38,7; 55 505 5005 5055 180 190 185 183 183,5; 11,4 11,04 11,05 11,55 1,5 1,05 1,005 1,08 0,1405.

b) **Einfache Multiplikation und Division.** Die Eigenart der logarithmischen Teilung führt die **Multiplikation** auf eine **Addition** und die **Division** auf eine **Subtraktion** zurück. Man benutze für den Anfang die oberen Teilungen des Stabes und der Zunge.

Multiplikation: Das Schema einer Multiplikation $a \cdot b = c$ mit Hilfe des Rechenstabes zeigt Abb. 8. Die der Reihe nach auszuführenden Operationen sind:

1. Faktor a mit dem Anfangsstrich der Zunge auf der (oberen) Stabteilung einstellen.

2. Läuferstrich auf Faktor b auf der (oberen) Teilung der Zunge einstellen.

3. Produkt $a \cdot b$ unter dem Läuferstrich auf der (oberen) Stabteilung ablesen.

4. Notierung des Resultats und Bestimmung der Kommastellung durch eine Überschlagsrechnung.

Beispiele: $2 \cdot 3 = 6$; $2{,}3 \cdot 3 = 6{,}9$; $3{,}8 \cdot 4{,}5 = 17{,}1$; $2{,}45 \cdot 3{,}76 = 9{,}22$; $4{,}25 \cdot 1{,}95 = 8{,}28$; $9{,}2 \cdot 0{,}55 = 5{,}06$; $0{,}672 \cdot 1{,}593 = 1{,}072$.

Bei der Division hat man wie folgt zu verfahren: $\dfrac{c}{b} = a$.

1. Läuferstrich auf den Dividenden c auf der rechten Hälfte der oberen Stabteilung einstellen.

2. Zunge verschieben, so daß der Divisor b auf der Zungenteilung unter dem Läuferstrich steht.

3. Quotienten $\dfrac{c}{b}$ auf der (oberen) Stabteilung über dem Anfangs- oder Endstrich der entsprechenden Zungenteilung ablesen.

4. Bestimmung des Kommas durch eine Überschlagsrechnung.

Beispiele: $\dfrac{6}{3} = 2$; $\quad \dfrac{6{,}2}{3{,}5} = 2{,}48$; $\quad \dfrac{73{,}5}{18{,}2} = 4{,}04$; $\quad \dfrac{1{,}64}{0{,}953} = 1{,}72$; $\quad \dfrac{0{,}1353}{0{,}01235} = 10{,}95$.

c) Verbundene Multiplikation und Division. Besteht sowohl der Zähler wie auch der Nenner eines Bruches aus mehreren Faktoren, so läßt sich gleichwohl das Resultat in einem Gange ermitteln, wenn man nach folgendem Rechenschema verfährt:

$$\frac{a \cdot b \cdot c \cdot d}{e \cdot f \cdot g \cdot h} = a : e \cdot b : f \cdot c : g \cdot d : h\,[1].$$

Beispiel: $\qquad \dfrac{27{,}3 \cdot 14{,}5}{28{,}9 \cdot 7{,}36} = 27{,}3 : 28{,}9 \cdot 15{,}4 : 7{,}36 = 1{,}976.$

Die Zwischenergebnisse, z. B. $27{,}3 : 28{,}9$ usw. brauchen naturgemäß nicht abgelesen zu werden.

Bei derartigen Aufgaben kommt es lediglich darauf an, abwechselnd zu multiplizieren und zu dividieren.

d) Quadrieren. Wenn die untere Teilung genau doppelt so lang ist wie die obere, so müssen wegen $\lg a^2 = 2 \log a$ die genau übereinander stehenden Zahlenwerte dieser beiden Teilungen sich in jedem Falle wie

$$\frac{\text{Quadratzahl}}{\text{Grundzahl}} \quad \text{bzw.} \quad \frac{\text{Grundzahl}}{\text{Quadratwurzel}} \qquad \text{verhalten.}$$

Es kann entweder mit Hilfe des mittleren Läuferstriches oder des Anfangsstriches der Zungenteilungen eingestellt werden.

Beispiele: $4^2 = 16$; $\quad 3{,}76^2 = 14{,}2$; $\quad 4{,}55^2 = 20{,}8$; $\quad 9{,}07^2 = 82{,}8$; $\quad 10{,}3^2 = 106$.

e) Quadratwurzelziehen. Beim Ziehen der Quadratwurzel ist der Radikand zunächst in der bekannten Weise in Gruppen von je 2 Ziffern — vom Komma ausgehend — einzuteilen. Befindet sich in der ersten Gruppe nur eine Ziffer, so ist der betreffende Radikand auf der ersten Teilung des oberen Stabes einzustellen; befinden sich hingegen in der oberen Gruppe zwei Ziffern, so kommt für die Einstellung des Radikanden die zweite Hälfte der oberen Stabteilung in Frage.

Beispiele: $\sqrt{36} = 6$; $\quad \sqrt{360} = 18{,}97$; $\quad \sqrt{4{,}75} = 2{,}18$; $\quad \sqrt{1{,}08} = 1{,}04$; $\quad \sqrt{4750} = 68{,}9$; $\sqrt{0{,}00121} = 0{,}03475$.

f) Kreisinhalte. Auf der unteren Teilung der Zunge befinden sich bei vielen Rechenschiebern zwei mit c bezeichnete Strichmarken, die um $\sqrt{\dfrac{1}{\pi/4}}$ von dem

---

[1] Diese Schreibweise ist nicht mathematisch einwandfrei und dient lediglich zur Erläuterung! Richtiger hätte man zu schreiben $\left(\left(\left(\left((a : e) \cdot b\right) : f\right) \cdot c\right) : g\right) \cdot d : h.$

Anfangs- bzw. Mittelstrich der oberen Teilung entfernt sind, und die daher bei Kreisinhalts- und Durchmesserberechnungen gute Dienste leisten. Statt der Strichmarken in der Teilung sind auch gelegentlich zwei besondere Läuferstriche vorhanden.

Sucht man beispielsweise den Flächeninhalt eines Kreises vom Durchmesser $d = 3$, so stellt man den c-Strich über die 3 der unteren Stabteilung und liest über dem Anfangsstrich der oberen Zungenteilung den gesuchten Wert 7,05 ab; über die Stellung des Kommas orientiert man sich am besten durch eine Überschlagsrechnung.

Sucht man den Durchmesser eines durch einen Flächeninhalt gegebenen Kreises, so geht man in umgekehrter Reihenfolge vor. Da die Bestimmung des Durchmessers aus der Fläche auf das Ziehen der Quadratwurzel hinausläuft, sind die für diese angegebenen Einteilungsregeln zu beachten.

g) Trigonometrische Funktionen und Logarithmen. Die Skalen für $\sin \alpha$ und $\mathrm{tg}\,\alpha$ befinden sich zumeist auf der Rückseite der Zunge. Die Einstell- bzw. Ablesemarken sind dann an besonderen Ausschnitten auf der Rückseite des Stabes angeordnet. Die zugehörigen Funktionswerte werden auf der Vorderseite des Stabes abgelesen. Da im übrigen die Anordnung verschieden ist, unterrichtet man sich zweckmäßig durch Berechnen eines bekannten Funktionswertes — z. B. $\sin 30° = 0,5$ oder dgl. — über die jeweils einander zugeordneten Teilungen. Bei Winkeln, die kleiner als $6°$ sind, beachte man, daß hier hinreichend genau

$$\sin \alpha = \mathrm{tg}\,\alpha = \mathrm{arc}\,\alpha \qquad (62)$$

(Abb. 9) ist.

Von Vorteil ist es ferner, zu beachten, daß

$$\cos \alpha = \sin (90° - \alpha); \qquad \mathrm{tg}\,\alpha = \frac{1}{\mathrm{tg}\,(90° - \alpha)} = \frac{1}{\mathrm{ctg}\,\alpha}\,.$$

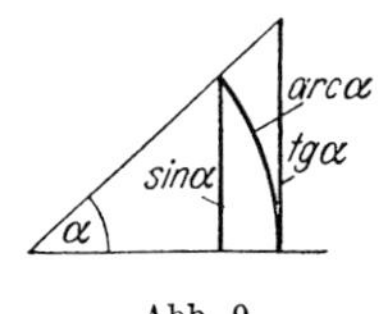

Abb. 9.

Beispiele: $\sin 33° = 0,544$; $\qquad \sin 3° 15' = 0,0567$;

$\cos 37° = \sin 53° = 0,798$; $\qquad \cos 148° = - \sin 58° = - 0,848$;

$\mathrm{ctg}\,273° 05' = - \mathrm{tg}\,3° 05' = - 0,0538.$

h) Die Genauigkeit, mit der der Rechenschieber eine Rechnung auszuführen gestattet, liegt bei 0,2 bis 0,3%. Doch auch bei genaueren Rechnungen ist er zu gebrauchen, wenn man anfangs **direkt** rechnet, und nur die letzten drei Stellen mit dem Rechenschieber bestimmt.

Beispiele:

$$\begin{array}{ll}
34{,}458 \cdot 5{,}294 & \\
\overline{17\,229} & (= \text{direkt aus } 34\,485 \cdot 5) \\
1\,013 & (= 34\,458 \times 294; \text{ Rechen-} \\
\overline{18\,2{,}42} & \qquad \text{schieberresultat!}).
\end{array}$$

$$\begin{array}{l}
56\,395 : 14{,}482 = 4{,}0322 \\
\underline{57\,928} \\
167 \mid 1\,118 \;(\text{Rechenschieberresultat. 322}).
\end{array}$$

C. Regeln für das Rechnen mit Tabellenwerten.
12. Der Funktionsbegriff.

a) Zwei durch ein Gleichheitszeichen verbundene algebraische Ausdrücke bilden eine Gleichung.

Die Gleichung $y = x^2$ sagt aus, daß die Größe y genau so groß sei wie das Quadrat von x. Um die vorgelegte Beziehung $y = x^2$ näher zu untersuchen, kann man für den allgemeinen Wert x der Reihe nach mehrere bequeme Zahlen einführen und die zugehörigen y-Werte berechnen; es ergeben sich alsdann für $y = x^2$ folgende Wertpaare:

$$\begin{array}{llllllll}
x \;\text{(angenommen)} & 0 & 1 & 2 & 3 & 4 & 5 & \ldots \\
y \;\text{(berechnet)} & 0 & 1 & 4 & 9 & 16 & 25 & \ldots
\end{array}$$

Größen, die beliebige Werte annehmen können, heißen Veränderliche oder Variable; und zwar nennt man mit Bezug auf unser Beispiel x die unabhängig Veränderliche oder auch das Argument, im Gegensatz zu der abhängig Veränderlichen oder dem Funktionswert y.

b) Die mathematische Abhängigkeit der beiden Variablen voneinander kann ganz verschieden ausgedrückt werden, z. B.

$$y = x^2; \quad y = x^1, \quad y = \sqrt{x}; \quad y = \frac{1}{x}; \quad y = x^2\,\frac{\pi}{4}; \quad y = x \cdot \pi; \quad y = \sin x;$$

$$y = \lg x; \quad y = \ln x; \quad \text{usw.}$$

Allgemein schreibt man solche Abhängigkeiten in der Form

$$y = f(x) \tag{63}$$

und sagt, y sei eine Funktion von x. Die Schreibweise $y = f(x)$ deutet also lediglich an, daß die Größe y von der Größe des Arguments in irgendeiner Weise abhängig ist; welcher Art diese Abhängigkeit ist, geht aus der allgemeinen Schreibweise nicht hervor und muß im Sonderfalle noch besonders angegeben oder angenommen werden.

Man kann die Funktionen einteilen in:

einfache und zusammengesetzte (z. B. $y = x^3$ bzw. $y = x^3 + 3\,x^2 - 7\,x + 5$),

ganze und gebrochene $\left(\text{z. B. } y = \frac{3}{5}\,x^2 \text{ bzw. } y = \frac{x-5}{x-4}\right)$;

algebraische und transzendente (z. B. $y = \sqrt{x}$ bzw. $y = \sin x$).

c) Graphische Darstellungen der Funktion. Die einzelnen Funktionswerte y lassen sich graphisch darstellen, z. B. in einem System sich rechtwinkelig schneidender Linien, einem sog. Koordinatensystem, das nach Cartesius (Descartes), der es in die Wissenschaft einführte, auch cartesisches Koordinatensystem heißt. Die wie oben berechneten Wertpaare sind die Koordinaten von Punkten, deren kontinuierliche Verbindung ein Bild der betreffenden Funktion gibt. Abb. 10 stellt einen Teil der oben tabellarisch berechneten Funktion $y = x^2$ dar. (Weiteres über die graphische Darstellung von Funktion siehe S. 27f.)

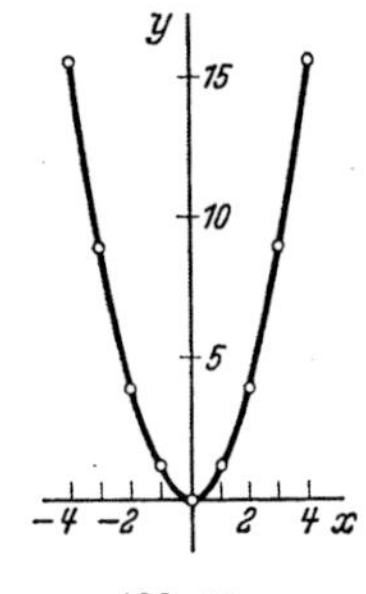

Abb. 10.

Die graphische Darstellung hat gegenüber der Zahlentabelle mancherlei Vorzüge, so z. B. den der größeren Anschaulichkeit, ferner gestattet sie das unmittelbare Ablesen von Zwischenwerten, die bei der tabellarischen Darstellung erst durch eine besondere Rechnung — die sog. Interpolation — gefunden werden müssen. Diesen Vorteilen stehen allerdings auch Nachteile gegenüber: so beansprucht die Zeichnung im allgemeinen mehr Platz als eine Tabelle von gleicher Genauigkeit. Außerdem setzt die graphische Darstellung in der überwiegenden Mehrzahl der Fälle eine Zahlentafel voraus. Und die Aufstellung dieser Zahlentafel ist nicht immer ganz einfach.

13. Lineare Interpolation.

a) Eine Funktion, bei der innerhalb eines bestimmten Intervalls die graphisch aufgetragenen Punkte kontinuierlich aufeinander folgen, heißt stetig innerhalb dieses Intervalls. So verläuft beispielsweise die Funktion $y = \operatorname{tg} x$ stetig für das Intervall $x]_0^{\pi/2}$ und weiter für das Intervall $x]_{\pi/2}^{\pi}$, da in diesen Bereichen y ohne Unterbrechung sich von 0 bis ∞ ändert bzw. von $-\infty$ bis 0. Bei $n = \pi/2$ selbst ist jedoch der Verlauf **unstetig**, da hier die Funktionswerte innerhalb der unendlich kleinen Intervalls $\pi/2 - \Delta x$ und $\pi/2 + \Delta x$ von $+\infty$ auf $-\infty$ überspringen.

Man überzeuge sich hiervon an Hand einer Figur. (Vgl. auch Abb. 22.)

b) Kennt man nun von einer Funktion $y = f(x)$ die Wertpaare x_1 und y_1 bzw. x_2 und y_2, so lassen sich, sofern das Intervall $x_2 - x_1$ nicht zu groß ist und die Funktion innerhalb desselben stetig verläuft, die zwischen y_1 und y_2 liegenden Funktionswerte y, die zu beliebig angenommenen x zwischen x_1 und x_2 gehören, durch eine sog. Proportionalrechnung finden. Aus den zusammengehörigen Wertpaaren

$$\begin{array}{c|l}
x_1 & y_1 \quad \text{(1. gegebenes Wertpaar)} \\
x_2 & y_2 \quad \text{(2. gegebenes Wertpaar)} \\
\hline
x & y \quad \text{(gesuchtes Wertpaar; eine der beiden} \\
& \qquad \text{Größen muß gegeben sein)}
\end{array}$$

folgt $\quad \begin{array}{c|c} x_2 - x_1 & y_2 - y_1 \\ x - x_1 & y - y_1 \end{array}$ oder, gekürzt geschrieben, $\quad \begin{array}{c|c} \Delta x & \Delta y \\ \delta x & \delta y \end{array}$.

Durch Division erhält man die Gleichung:

$$\frac{\delta x}{\Delta x} = \frac{\delta y}{\Delta y}. \quad \text{Hieraus entweder}$$

$$\delta x = \delta y \cdot \frac{\Delta x}{\Delta y} \quad \text{oder} \quad \delta y = \delta x \frac{\Delta y}{\Delta x}, \tag{64}$$

d. h. ändert sich das Argument x um den bekannten Betrag δx, so ändert sich der Funktionswert um den Betrag δy; ändert man den Funktionswert um δy, so ändert sich die Abszisse um den Betrag δx. Der gesuchte Funktionswert y bzw. das gesuchte Argument x berechnet sich schließlich zu

$$y = y_1 + \delta y \quad \text{bzw.} \quad x = x_1 + \delta x. \tag{65}$$

c) Die Anwendung dieser Interpolationsformeln ist nur solange zulässig, als die Änderungen des Arguments auch wirklich proportionale Änderungen der Funktionswerte zur Folge haben. Nun mögen einige Beispiele den Gebrauch der Formeln zeigen.

1. **Beispiel:** Gegeben sei $\quad \begin{array}{c|c} x & y \\ \hline 610 & 7853 \\ 611 & 7860 \end{array}$. Welcher Wert gehört zu $x = 610{,}7$?

Es ist $\qquad \Delta x = 1; \quad \Delta y = 7; \quad \delta x = 0{,}7; \quad \text{daher} \quad \delta y = 0{,}7 \cdot \dfrac{7}{1} = 4{,}9.$

Daraus $\qquad\qquad\qquad y = 7853 + 4{,}9 \approx 7858.$

2. **Beispiel:** $\qquad\qquad \begin{array}{c|c} x & y \\ \hline 610 & 7853 \\ 611 & 7860 \end{array}$. Welcher Wert x gehört zu $y = 7858$?

Es ist wieder $\qquad \Delta x = 1; \quad \Delta y = 7; \quad \delta y = 5;$

daher $\qquad \delta x = 5 \cdot \dfrac{1}{7} = 0{,}7 \quad \text{und schließlich} \quad x = 610 + 0{,}7 = 610{,}7.$

Da es im übrigen beliebig ist, welches von den Wertpaaren man mit dem Index 1 bezeichnet, kann man die Rechnung auch in der Weise durchführen, daß man, anstatt die erste Zahl um die errechnete Korrektur δx bzw. δy zu vergrößern, die zweite Zahl um die entsprechende Korrektur vermindert.

3. Beispiel:

x	y
4,45	$+\,1,2$
4,46	$-\,3,3$
?	0,0

Welcher Wert x gehört zu $y = 0,0$?

Es ist: $\Delta x = 0,01$; $\Delta y = -\,4,5$; $\delta y = -\,1,2$; $\delta x = -\,1,2\,\dfrac{0,01}{-\,4,5} = \dfrac{0,012}{4,5} = 0,0027$;

$$x = 4,4527.$$

14. Einrichtung und Gebrauch einiger Tafeln.

a) In vielen technischen Kalendern sind Zahlentafeln enthalten, aus denen die Quadrate, Kuben, Quadrat- und Kubikwurzeln, die Reziproken, Logarithmen, Kreisumfänge und -inhalte sowie gelegentlich auch noch andere Funktionswerte für die ganzen Zahlen von 1 bis 999 entnommen werden können. Die Benutzung dieser Tafeln bei technischen Rechnungen bedeutet oft eine nicht unwesentliche Zeitersparnis.

Im allgemeinen befinden sich in der äußersten Spalte links (manchmal auch noch in der äußersten rechts) die Argumente gewöhnlich mit n bezeichnet, rechts davon die zugehörigen Funktionswerte, z. B.

n	n^2	n^3	$\sqrt{n}$	$\sqrt[3]{n}$	$\lg n$	$\dfrac{1000}{n}$	πn	$\dfrac{\pi n^2}{4}$	n
450	202 500	91 125 000	21,2132	7,6631	2,65321	2,2222	1413,7	159 043	450
451	203 401	91 733 851	21,2368	7,6688	2,65418	2,2173	1416,9	159 751	451

b) Bei ausführlicheren Rechentafeln, z. B. größeren Logarithmentafeln, Tafeln der trigonometrischen Werte usw. enthalten die einzelnen senkrechten Reihen noch Zwischenwerte, geordnet nach Zehnteln der Einheit des Arguments, oder bei Winkeln, etwa fortschreitend von 10 zu 10 Minuten usw. Da hier sich die Funktionswerte nur langsam ändern, werden die vordersten, sich gleichbleibenden Ziffern oft nur einmal angegeben; sie dürfen natürlich nicht vergessen werden. Näheres hierüber im Kapitel 15.

Die Benutzung der Tafeln ist solange einfach, als die betreffenden Argumente, deren Funktionswerte bestimmt werden sollen, darin unmittelbar enthalten sind. Oft sind jedoch Umstellungen des Kommas notwendig, gelegentlich auch Interpolationen.

c) Die Tafel für n^2. Das Komma muß in der Quadratzahl um 2 Stellen verschoben werden, wenn es in der Basis um eine Stelle geändert wird.

Beispiel: $481^2 = 231\,361$, daher $48,1^2 = 2313,61$; $4,81^2 = 23,1361$ usw.

Gelegentlich sind Interpolationen notwendig, z. B.: $43,47^2$ soll auf 4 Stellen genau berechnet werden. Die Rechnung, die an Hand der Tabelle im Kopf ausgeführt werden kann, möge hier schriftlich ausgeführt werden. Man beachte, daß für die 4stellige Rechnung nicht alle in der Tabelle gegebenen Ziffern verwendet zu werden brauchen.

$$\begin{aligned} 43,4^2 &= 1883,6 \\ 43,5^2 &= 1892,2 \\ \hline 0,1 \;\div\; &\; 8,6 \end{aligned} \qquad 0,07; \qquad 0,07\,\dfrac{8,6}{0,1} = 6,0$$

$$43,47^2 = 1889,6$$

Rechnet man abgekürzt, was ja in den allermeisten Fällen zulässig ist, so vereinfacht sich die Rechnung ganz wesentlich, so daß sie bequem im Kopf ausgeführt werden kann, z. B.

$3,783^2 = \ ?$ (mit Berücksichtigung des Kommas und unter Vernach-
$3,78^2 = 14,29$ lässigung der überflüssigen Stellen aus der Tabelle ent-
$3,79^2 = 14,36$ nommen)
$\overline{0,01 \ \div 0,07}$
$0,003 \div 0,021$

daher $3,783^2 = 14,29 + 0,02 = 14,31$.

Man könnte auch in Erinnerung früher gegebener Regeln (Formel [8]) folgendermaßen rechnen:

$$3,783^2 = (3,78 + 0,03)^2 \approx 3,78^2 + 2 \cdot 0,003 \cdot 4 = 14,29 + 0,02_4 = 14,31.$$

d) Berechnung von $\sqrt{n}$ mit Hilfe der Quadrattafel. Da $n = \sqrt{n^2}$
ist, können die Tafelwerte n als Quadratwurzeln der unter n^2 befindlichen Zahlen
angesehen werden. Will man also aus einer vorgelegten Zahl die Quadratwurzel
mit Hilfe der Tabelle für n^2, ziehen, so teile man zunächst den Radikanden,
vom Komma ausgehend, in Gruppen zu zwei Ziffern ein. Aus der ersten Gruppe
ziehe man die Wurzel im Kopfe überschläglich; erhält man als Ergebnis beispielsweise 4, so suche man in der Gegend von $n = 400$ diejenige Zahl n^2, die gleich
dem gegebenen Radikanden ist. Gegebenenfalls interpoliere man.

Beispiele: 1. $\sqrt{47,06} = 6,860$ (unmittelbar zu entnehmen);

                 2. $\sqrt{202,4} = 14,23$ (die letzte 3 ist durch Interpolation gefunden);
                        $\underline{201,6}$
                           $08 : 28$;

                 3. $\sqrt{0,7985} = 0,8936$
                     74
                    $\overline{11 : 18}$.

Man beachte, daß die lineare Interpolation im vorliegenden Falle auf das gleiche
hinauskommt, wie die Anwendung der Gleichung (35).

e) Tafel für n^3. Beim Aufsuchen der Kuben beachte man, daß eine Verschiebung des Kommas in der Basis um eine Stelle beim Kubus eine solche von
drei Stellen erforderlich macht. Beim Ziehen der dritten Wurzel hat man entsprechend den vorgelegten Radikanden — ausgehend vom Komma — in Gruppen
von je drei Ziffern einzuteilen und im übrigen analog der unter c gegebenen Vorschrift zu verfahren.

Beispiele: 1. $4,50^3 = 91,12$
                        2. $45,06^3 = 91\,125$
                                  365
                             $\overline{91\,490}$;
                        3. $\sqrt[3]{48\,700} = 36,52$.

f) Die Reziprokentafel. Diese Tafel dient dazu, eine Division in eine
Multiplikation zu verwandeln. Verschiebt man bei n das Komma um eine Stelle
nach links, so ist es bei $\dfrac{1000}{n}$ um eine Stelle nach rechts zu verschieben und umgekehrt. Am ehesten sichert auch hier eine Überschlagsrechnung vor Fehlern.

Beispiele: $\dfrac{1}{4,51} = 0,2217$; $\dfrac{1,5}{0,276} = 1,5 \cdot 3,66 = 3,66 + 1,83 = 5,49$.

g) Die Tafeln der Kreisumfänge und -inhalte. Für den Kreisumfang
eines Kreises vom Durchmesser n gilt: $U = n\,\pi$,   (66)
daher die Kommaregel: Eine Verschiebung der Kommas in n hat genau die
gleiche Verschiebung des Kommas in U zur Folge.

Beispiel: $n = 476$ $U = 1495$; $n = 4,76$ $U = 14,95$.

Für den **Kreisinhalt** eines Kreises vom Durchmesser n gilt:

$$F = \frac{n^2 \pi}{4}. \qquad (67)$$

Für die Stellung des Kommas gelten daher dieselben Regeln wie für die Quadratzahlen.

Beispiele: $n = 4{,}5$ $F = 12{,}55$; $n = 0{,}045$ $F = 0{,}001255$; $F = 7$ $n = 2{,}985$; $F = 70$ $n = 9{,}44$; $F = 700$ $n = 29{,}85$.

h) Es gibt auch noch besondere Tafeln für $\sqrt{n}$ und $\sqrt[3]{n}$. Nach dem in diesem Kapitel unter d und e Gesagten erübrigen sie sich, da das dort gegebene Verfahren bequemer ist und zudem genauere Ergebnisse liefert. Im übrigen bietet der Gebrauch der Tafeln für $\sqrt{n}$ und $\sqrt[3]{n}$, wenn man glaubt, ihrer nicht entraten zu können, nichts Neues.

15. Tafeln für Logarithmen und Kreisfunktionen.

a) Größere Logarithmentafeln sind derart eingerichtet, das links das Argument (= der Numerus) steht und rechts davon die Mantissen für diesen Numerus sowie die für jeweils um ein Zehntel der Numeruseinheit zunehmenden Argumente.

Beispiel (Auszug aus einer 4stelligen Logarithmentafel):

N	0	1	2	3	4	5	6	7	8	9
287	45 79	80	82	83	85	86	88	89	91	92
288		94	95	97	98	*00	*01	*03	*04	*06	*07
289	46 09	10	12	13	15	16	18	19	21	22

Die beiden ersten Ziffern der Mantissen, die sich für eine große Zahl aufeinanderfolgender Numeri immer wiederholen, werden nur einmal abgedruckt. Der Übergang zur nächsthöheren Ziffer wird innerhalb der Tabelle durch einen Stern kenntlich gemacht. Über die Bestimmung der Kennziffer und über alle anderen für das Rechnen mit Logarithmen gültigen Regeln vgl. Kapitel 8.

Aus der oben abgedruckten Tabelle ist zu entnehmen:

$\lg 287{,}4 = 2{,}4585$ $\lg x = 4{,}4617$; $x = 28955$

$\lg 28{,}86 = 1{,}4603$ $\lg x = 0{,}4599$; $x = 2{,}8835$

$\lg 2{,}8736 = 0{,}4584_2$ (Interpolieren!)

Bei 5- und mehrstelligen Logarithmentafeln erleichtern die beigedruckten Proportionaltafeln („P. P." = partes proportionales) die Interpolation.

b) Beispiel für eine größere logarithmische Rechnung:

$$x = \frac{4{,}475 \cdot \sqrt[4]{56{,}89}}{0{,}8976^5} = ?; \qquad \lg x = \lg 4{,}475 + \frac{1}{4} \lg 56{,}89 - 5 \lg 0{,}8976.$$

4,475	0,6508	1	0,6508	
56,89	1,7550	$\frac{1}{4}$	0,43875	
0,8976	0,9531 − 1	− 5	− 4,7655 + 5	$x = 21{,}085$.
21,085		=	− 3,6760 + 5 1,3240	

c) Das Rechnen mit Logarithmen läßt sich nicht umgehen, wenn die zu berechnende Größe ein Potenzexponent ist.

Beispiele:

1. $10\,000 = 6500 \cdot 1{,}08^{n}$; $n = ?$ hieraus: $0{,}1871 = n \cdot 0{,}0334$;

$\lg 10\,000 = \lg 6500 + n \cdot \lg 1{,}08$;

$4 = 3{,}8129 + n \cdot 0{,}0334$; $n = \dfrac{0{,}1871}{0{,}0334} = 5{,}605$ (Rechenschieberresultat);

2. $x = 10^{1,6}$; $\lg x = 1{,}6 \lg 10 = 1{,}6$; $x = 39{,}8$.

d) Die Einrichtung der Tafeln für die Kreisfunktionen ist verschieden und im wesentlichen abhängig von dem Grade der Unterteilung. Nachstehend bringen wir einen Auszug einer Tafel für $\sin\alpha$, bei der die Argumente links fortschreiten von Grad zu Grad. Die Unterteilung der Grade erfolgt in den waagerechten Reihen von 10 zu 10 Minuten:

$\alpha°$	$0'$	$10'$	$20'$	$30'$	$40'$	$50'$	$60'$
50	0,7660	7679	7698	7716	7735	7753	7771
51	0,7771	7790	7881	7826	7844	7862	7880

e) Der Tatsache entsprechend, daß $\cos\alpha = \sin(90° - \alpha)$, werden die Tafeln gleichzeitig für $\cos\alpha$ eingerichtet. So entnimmt man beispielsweise gleichzeitig

$$\sin 37° 10' = \cos 52° 50' = 0{,}6041; \quad \sin 66° 10' = \cos 23° 50' = 0{,}9147.$$

Entsprechendes gilt für die tg- und ctg-Funktion.

f) Gegebenenfalls muß interpoliert werden, was sich bei den kleinen Intervallen leicht im Kopf ausführen läßt: $\sin 45° 13' = 0{,}7092 + 0{,}3 \cdot 20 = 0{,}7098$

bezogen auf die 4. Dezimale

g) Zum genauen Zeichnen von Winkeln bedient man sich mit Vorteil der tg-Funktion. Zeichne z. B. den Winkel $\alpha = 33° 46'$ aus $\operatorname{tg}\alpha = 0{,}669$! Ebenso die Winkel $66{,}7°$ und $138° 36'$ (mit je 100 mm langen Schenkeln).

II. Anwendung der Sätze der Geometrie und der Algebra auf das numerische Rechnen.

A. Vom graphischen Rechnen.

16. Das rechtwinklige Koordinatensystem.

a) Unter einem rechtwinkligen Koordinatensystem (KS) versteht man zwei zueinander rechtwinklig stehende Achsen (Abb. 11); die waagerechte Achse heißt auch Abszissenachse, die senkrechte Ordinatenachse. Beide schneiden sich im Koordinaten-Nullpunkt oder Ursprung 0.

Die Lage eines Punktes wird im KS festgelegt durch die Abstände des Punktes rechtwinklig von den Koordinatenachsen; den waagerechten Abstand nennt man Abszisse x, den senkrechten Abstand Ordinate y; um anzudeuten, daß ein Punkt P die Koordinaten x und y habe, schreibt man $P(x; y)$.

Das Achsenkreuz teilt die Ebene in 4 Quadranten, die nach Abb. 11 mit I, II, III, IV bezeichnet werden. Die Vorzeichen der Ordinaten und Abszissen sind in den einzelnen Quadranten verschieden; es ist:

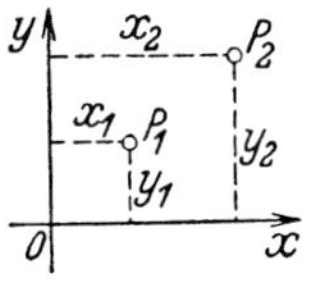

im 1. Quadrant die Abszisse positiv, die Ordinate positiv

„ 2. „ „ „ „ negativ, „ „ „ „

„ 3. „ „ „ „ „ „ „ negativ

„ 4. „ „ „ positiv „ „ „

In Abb. 12 sind zwei Punkte dargestellt, nämlich $P_1(x_1; y_1)$ und $P_2(x_2; y_2)$.

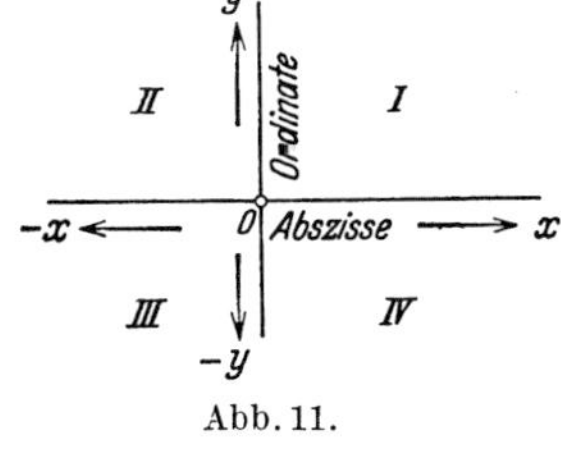
Abb. 11.

Abb. 12.

b) Wenn man in der Gleichung $y = f(x)$ für x beliebige Werte nimmt und die zugehörigen y-Werte berechnet (siehe Kap. 12), so erhält man jeweils zusammengehörige Wertpaare, die als Punkte in ein Koordinatensystem eingetragen werden können. Verbindet man diese Punkte durch einen stetigen Linienzug, so erhält man eine **Kurve**, deren jeweiliger Verlauf für die vorgelegte Gleichung charakteristisch ist.

Es stellt dar:

die Gleichung $y = ax + b$ eine gerade Linie (Abb. 13); (68)

,,   ,, $y = ax$ eine Parabel (Abb. 14); (69)

,,   ,, $y = \sqrt{a}x$ eine Parabel (Abb. 15); (70)

,,   ,, $y^2 + x^2 = r^2$ oder $y = \pm\sqrt{r^2 - x^2}$ einen Kreis (Abb. 16); (71)

,,   ,, $\dfrac{x^2}{a^2} + \dfrac{y^2}{b^2} = 1$ eine Ellipse (Abb. 17); (72)

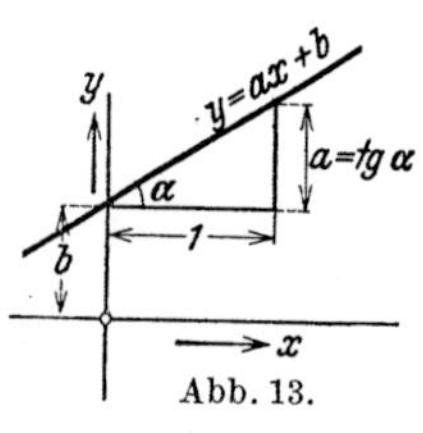

Abb. 13.

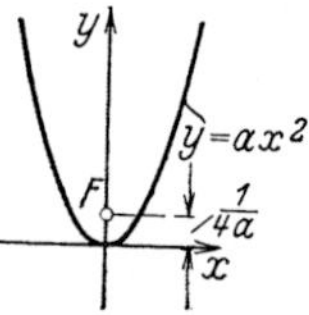

Abb. 14.

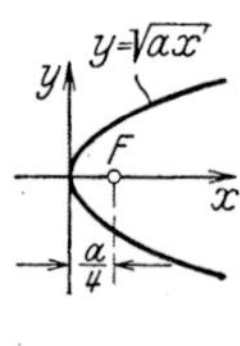

Abb. 15.

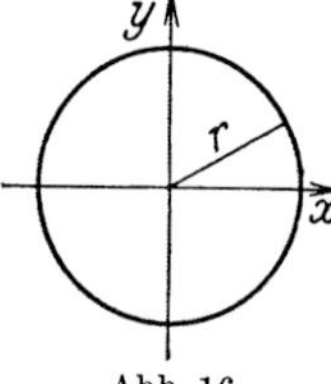

Abb. 16.

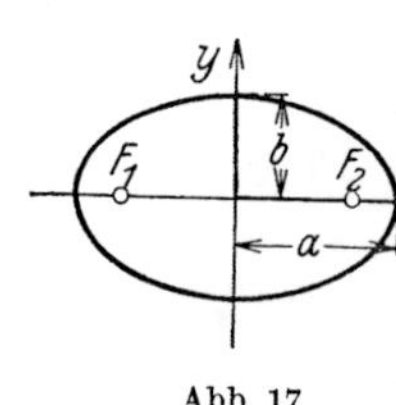

Abb. 17.

die Gleichung $\dfrac{x^2}{a^2} - \dfrac{y^2}{b^2} = 1$ eine Hyperbel (Abb. 18); (73)

,,   ,, $y = \dfrac{c}{x}$ eine Hyperbel (Abb. 19); (74)

,,   ,, $y = \lg x$ die gemeine logarithmische Linie $\Big\}$ (Abb. 20); (75)

,,   ,, $y = \ln x$ die Linie des natürlichen Logarithmus

,,   ,, $y = e^x$ und $y = e^{-x}$ die sogen. e-Linie (Abb. 21). (76)

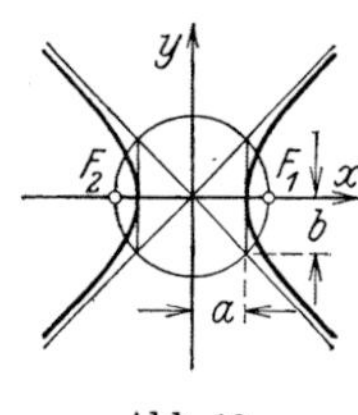

Abb. 18.

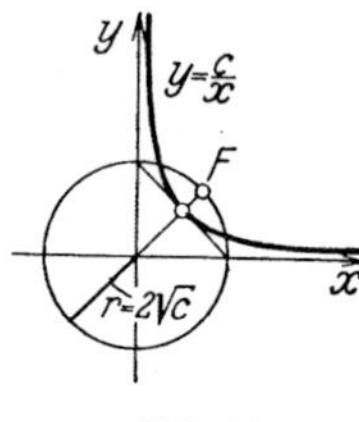

Abb. 19.

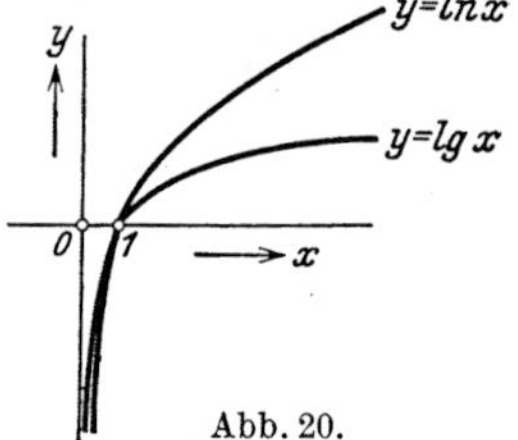

Abb. 20.

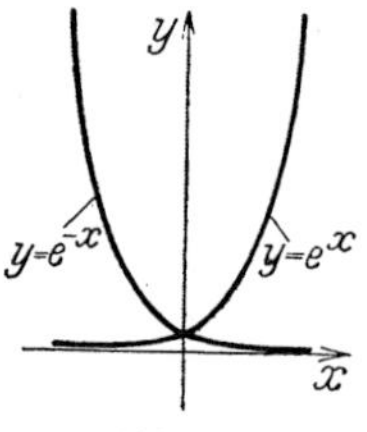

Abb. 21.

c) Auch die trigonometrischen Funktionen lassen sich auf diese Weise graphisch darstellen, wenn man als Abszisse die Winkel (im Bogenmaß) und als Ordinaten die zugehörigen Funktionswerte aufzeichnet (Abb. 22).

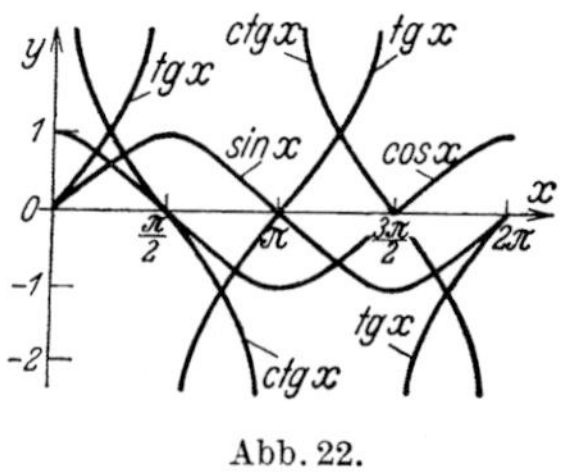

Abb. 22.

d) Wie ändert sich nun die Kurvengleichung, wenn man die Kurve verschiebt oder verdreht? Hierüber geben die Abb. 23÷27 Aufschluß. Nachstehend sind die Kurvengleichungen aufgeführt, in die die ursprünglichen Gleichungen (Abb. 23) $y = f(x)$ übergehen, wenn die gegebene Kurve

1. in der $+x$-Richtung um das Stück a verschoben wird Abb. 24:

$$y = f(x - a),$$ (77)

2. in der $-x$-Richtung um das Stück a verschoben wird Abb. 24:
$$y = f(x + a), \qquad (78)$$

3. in der $+y$-Richtung um das Stück b verschoben wird Abb. 25:
$$y - b = f(x), \qquad (79)$$

4. in der $-y$-Richtung um das Stück b verschoben wird Abb. 25:
$$y + b = f(x), \qquad (80)$$

5. wenn die Ordinaten n mal größer werden sollen Abb. 26:
$$y = n f(x), \qquad (81)$$

6. wenn die Ordinaten auf den $n.$ Teil verkleinert werden:
$$n \cdot y = f(x), \qquad (82)$$

7. Wenn die Abszissen n mal länger erscheinen sollen:
$$y = f\left(\frac{x}{n}\right) \qquad (83)$$

8. wenn die Abszissen n mal kürzer erscheinen sollen Abb. 27:
$$y = f(nx) \qquad (84)$$

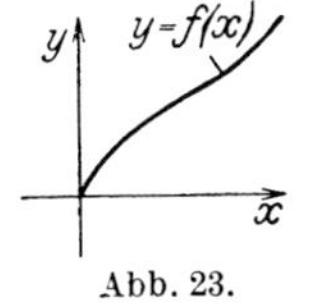

Abb. 23.

9. Wird endlich die vorgelegte Kurve um den Winkel α gegen die $+x$-Achse gedreht, so lautet die Gleichung der gedrehten Kurve:
$$y \cos\alpha - x \sin\alpha = f(y \sin\alpha + x \cos\alpha). \qquad (85)$$

d. h. statt y ist $y \cos\alpha - x \sin\alpha$, statt $f(x)$ ist $f(y \sin\alpha + x \cos\alpha)$ zu setzen.

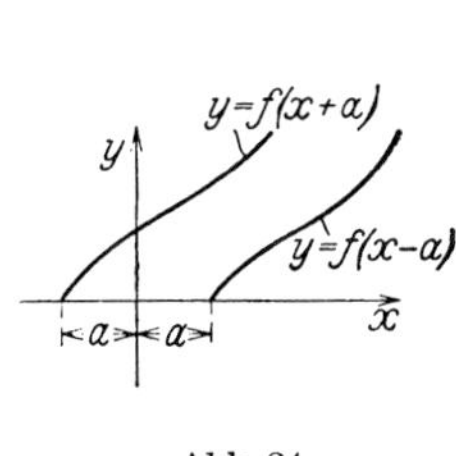

Abb. 24.

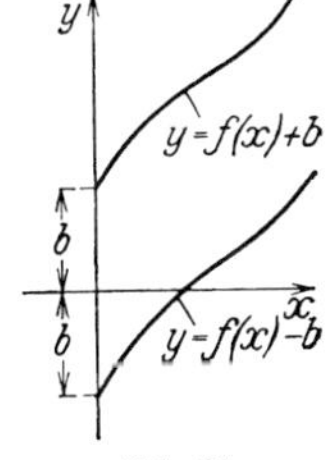

Abb. 25.

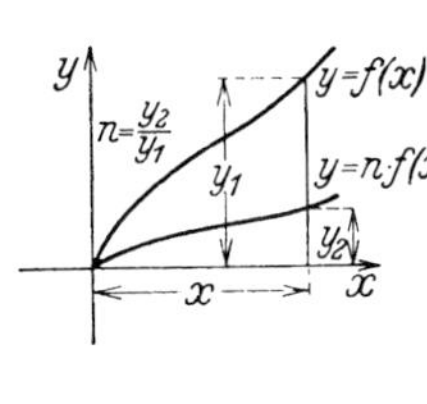

Abb. 26.

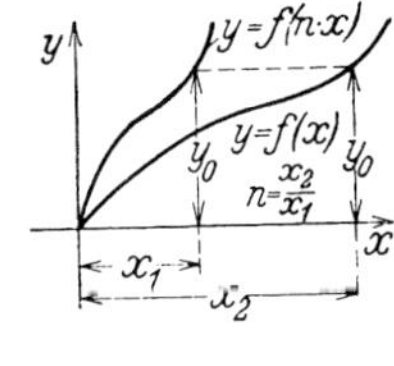

Abb. 27.

Beispiele: 1. Die gleichseitige Hyperbel $x^2 - y^2 = a^2$ soll um $45°$ gedreht werden; alsdann wird wegen
$$\sin 45° = \cos 45° = \frac{1}{\sqrt{2}} \quad \text{aus } y^2 = x^2 - a^2: \quad \left(\frac{y}{\sqrt{2}} - \frac{x}{\sqrt{2}}\right)^2 = \left(\frac{y}{\sqrt{2}} + \frac{x}{\sqrt{2}}\right)^2 - a^2;$$
$$\frac{x^2}{2} + y^2 + \frac{y^2}{2} - \frac{x^2}{2} + xy + \frac{y^2}{2} = a^2; \quad \text{hieraus } xy = \frac{a^2}{2} = 0. \text{ [Vgl. Formel (74)!]}$$

2. Die Parabel $y = x^2$ werde in Richtung der x-Achse um das Stück a, in Richtung der y-Achse um das Stück b verschoben. Folglich lautet die Gleichung der verschobenen Parabel $(y - b) = (x - a)^2 = x^2 - 2ax + a^2;$ $\quad y = x^2 - 2ax + a^2 + b$ oder für $-2a = A$ und $a^2 + b = B$ gesetzt: $y = x^2 + Ax + B.$

3. Wie läßt sich die Kurve $y = 2{,}5 \sin(x + 1)$ aus der einfachen Sinuslinie $y = \sin x$ ableiten?

a) $x + 1$ bedeutet, daß die neue Kurve um den Winkel 1 $(= 57{,}3°)$ in Richtung der $-x$-Achse zu verschieben ist.

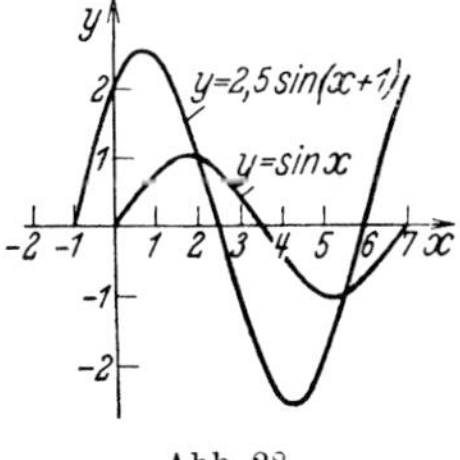

Abb. 28.

b) Der Faktor 2,5 bedeutet, daß die Ordinaten der neuen Kurve überall 2,5 mal so lang sind wie die der einfachen Sinuslinie (Abb. 28).

e) Eine wichtige Aufgabe ist es noch, die **Teilung der Koordinatenachsen** so umzuformen, daß eine im normalen KS gezeichnete Kurve im umgeformten System zu einer **Geraden** wird. Diese Umformung erfolgt graphisch, wenn lediglich die Zeichnung der Kurve vorliegt; sie beruht im wesentlichen darauf, daß die zu „begradigende" Kurve einfach als Gerade in ein Achsenkreuz eingezeichnet wird, dessen eine Achse beliebig, dessen andere Achse hingegen so zu teilen ist, daß durch die Gerade dieselben Koordinatenwerte einander zugeordnet werden wie durch die Kurve bei der ursprünglichen Darstellung (Abb. 29 u. 30).

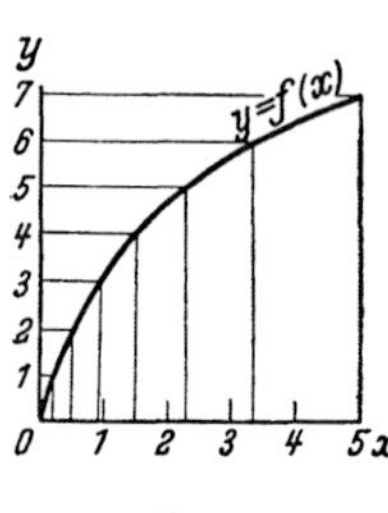

Abb. 29.

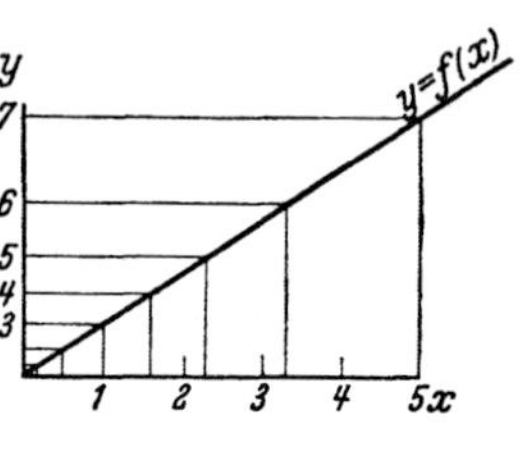

Abb. 30.

Auch Kurvenscharen können oft nach diesem höchst einfachen Verfahren mit einer für praktische Zwecke ausreichenden Genauigkeit in eine Schar von Geraden umgeformt werden.

Ist der Verlauf der Kurve durch ihre Gleichung gegeben, so kann die Umformung auch analytisch d. h. rechnerisch erfolgen:

Die Gleichung der geraden Linie in einem KS mit gleichmäßig geteilten Achsen lautet nach früherem (Gleichung 68): $y = ax + b$; danach muß auch die Gleichung

$$f(y) = a\,f(x) + b \tag{86}$$

eine gerade Linie darstellen, und dies in einem KS, dessen Achsen nicht mehr regulär[1], sondern funktionell[1] nach $f(x)$ bzw. $f(y)$ geteilt sind. Die hierzu erforderlichen Funktionsskalen können punktweise auf Grund einer jeweils errechneten Zahlentafel gezeichnet, in manchen Fällen auch geometrisch konstruiert werden (vgl. S. 34f.). Oft bringt die Kombination von Rechnung und geometrischer Konstruktion Vorteile. Zur Zeichnung logarithmischer Skalen halte man sich eine Sammlung von Mustern verschiedener Teilungslänge vorrätig. Auch die im Handel erhältlichen Logarithmenpapiere sind recht gut brauchbar.

Anwendungen: 1. Die Hyperbel $xy = 2$ soll für das Intervall $x]_{0,1}^{1}$ als gerade Linie gezeichnet werden. — Durch Logarithmieren erhält man

$$\lg x + \lg y = \lg 2 = 0{,}301.$$

In der Form $\lg y = -\lg x + 0{,}301$ deckt sich die Gleichung in ihrem Aufbau mit der Gleichung 86; sie sagt aus, daß die Hyperbel zu einer Geraden wird in einem KS, dessen Ordinaten und Abszissen logarithmisch geteilt sind.

x	$-\lg x$	$\lg y$	y
0,1	1,000	1,301	20
0,2	0,699	1,00	10
0,5	0,301	0,602	4
1,0	0	0,301	2
anzu-schreiben!	aufzu-tragen!	aufzu-tragen!	anzu-schreiben!

Um die erforderliche Größe der Teilungen besser erkennen zu können, berechne man einige Wertpaare nach vorstehendem Muster. Die Gerade (Abb. 31)

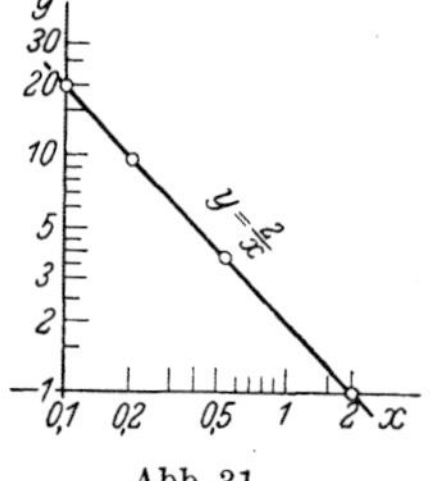

Abb. 31.

wird in der Weise gezeichnet, daß man als Ordinaten bzw. Abszissen die Werte für $\lg y$ bzw. $-\lg x$ aufträgt, an die so erhaltenen Skalenpunkte aber die entsprechenden Werte für y und x anschreibt. Wie groß hier die logarithmische Einheit zu wählen ist, hängt von der gewünschten Ablesegenauigkeit ab; 10 cm für die Länge einer Zehnerpotenz dürften genügen. (Beim gewöhnlichen Rechenschieber sind die logarithmischen Einheiten oben 12,5 cm, unten 25 cm lang.)

---

[1] „Regulär" geteilte Achsen sind gleichmäßig geteilte Achsen, wie sie bisher vorausgesetzt waren, im Gegensatz zu funktionell z. B. quadratisch, projektiv oder logarithmisch geteilten. Über die Konstruktion der Funktionsskalen vgl. Kap. 18.

Die Aufgabe kann auch noch anders gelöst werden: Man könnte ja z. B. auch setzen: $y = \dfrac{2}{x}$, d. h. man erhält eine Gerade, wenn man die Ordinate regulär, die Abszisse jedoch nach $\dfrac{1}{x}$ oder auch nach $\dfrac{2}{x}$ teilt. Die auf Grund der nebenstehenden

x	$\dfrac{2}{x}$
0,1	20
0,2	10
0,5	4
1	2
anzu-schreiben!	aufzu-tragen!

Zahlentafel gezeichneten Gerade zeigt Abb. 32. Die in der Figur noch erkenntliche graphische Unterteilung der x-Achse findet ihre Erklärung durch die Ausführungen im Kapitel 18.

2. Die Funktion $y = 5 e^{\frac{x}{2}}$ ist für $x]_{-5}^{+5}$ als Gerade darzustellen.

Durch Logarithmieren erhält man $\lg y = \dfrac{x}{2} \lg e + \lg 3 = 0{,}217\,x + 0{,}699$, d. h. man erhält eine gerade Linie, wenn man die Abszisse regulär, die Ordinate aber logarithmisch teilt. Die nachstehende Zahlentafel läßt weiter erkennen, daß für die Darstellung der y-Werte etwas

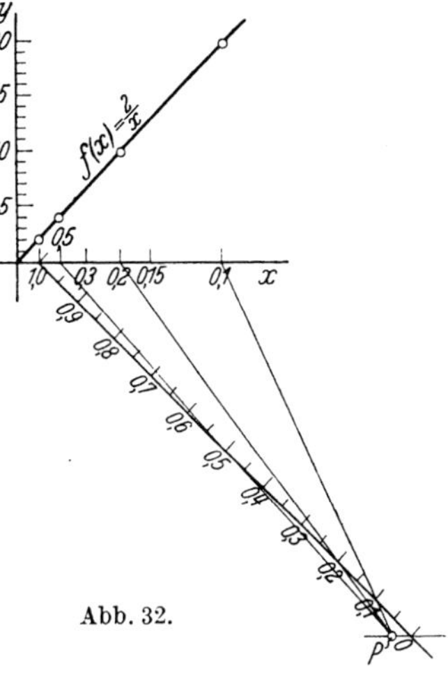

Abb. 32.

mehr als zwei logarithmische Einheiten erforderlich sind. Man wählt hier die logarithmische Einheit etwa 5 oder 10 cm, die reguläre Einheit der x-Achse etwa 1 bis 2 cm (Abb. 33).

x	$0{,}217\,x$	$\lg y$	y
— 5	— 1,085	— 0,386	0,411
0	0	0,699	5,0
5	1,085	1,784	60,8
aufzutragen u n d anzuschreib.		aufzu-tragen!	anzu-schreiben!

Abb. 33.

f) Ebenso wichtig wie die graphische Darstellung einer durch einen algebraischen oder transzendenten Ausdruck gegebenen Funktion ist die umgekehrte Aufgabe, nämlich die Ermittlung der Gleichung $y\,f(x)$ aus einer vorgelegten Kurve oder einer Zahlentafel, die man etwa aus Versuchen erhalten hat.

Die Lösung dieser Aufgabe bereitet keine Schwierigkeiten, wenn es sich um einen linearen Zusammenhang handelt, d. h. also wenn die vorgelegte „Kurve" eine gerade Linie ist. Die Gleichung der Geraden lautet bekanntlich $y = a\,x + b$; es würde sich im Einzelfalle darum handeln, die Werte für a und b zu ermitteln. Das geschieht in der Weise, daß man die Koordinaten zweier Punkte, die auf der betreffenden Geraden liegen, in die allgemeine Gleichung einsetzt und die erhaltenen beiden Gleichungen nach a und b auflöst.

Beispiele: 1. Wie lautet die Gleichung einer Geraden, die durch die Punkte $P_1\,(1;5)$ und $P_2\,(5;3)$ hindurchgeht?

$$\text{Für } P_1 \text{ gilt} \quad 5 = a \cdot 1 + b$$
$$\text{„ } P_2 \text{ „} \quad 3 = a \cdot 5 + b$$
$$\text{hieraus:} \quad -2 = 4a$$
$$a = -0{,}5; \quad b = 5{,}5;$$

somit die gesuchte Gleichung: $y = 5{,}5 - 0{,}5\,x$.

2. Für den Woltmannschen hydrometrischen Flügel, mit dem man die Wassergeschwindig-

keit v aus der minutlichen Umdrehungszahl n bestimmen kann, gilt in erster Annäherung die Beziehung $v = \alpha + \beta n$. α und β sind dabei Konstanten, die für jedes Instrument durch Versuche bestimmt werden müssen. Auf Grund der gegebenen Zahlentafel berechnet sich die Kurvengleichung wie folgt:

<table>
<tr><td>v
m/s</td><td>n
U/min</td></tr>
<tr><td>0,5</td><td>50</td></tr>
<tr><td>2,5</td><td>300</td></tr>
</table>

$$v = \alpha + \beta n$$
$$0,5 = \alpha + 50\,\beta$$
$$2,5 = \alpha + 300\,\beta$$
$$2 = 250\,\beta$$

$\beta = 0,008$; $\alpha = 0,1$, daher die Flügelgleichung:
$v = 0,1 + 0,008\,n$.

g) Wenn es sich um eine gekrümmte Linie handelt, deren Gleichung gefunden werden soll, tritt insofern eine Schwierigkeit auf, als Kurven von ganz verschiedenem mathematischen Charakter wenigstens über kleinere Intervalle, wie sie für technische Zwecke meist nur in Frage kommen, so sehr einander ähnlich sind, daß es unmöglich ist, von dem Kurvenstück zu sagen, ob es etwa von einer quadratischen, kubischen oder transzendenten Funktion herstammt. Hinzu kommt, daß die zu analysierenden Kurven oft nur „ausgleichende Kurven" sind, die man durch eine auf Grund von Messungen gefundene und in ein Koordinatenkreuz eingetragene Punktreihe gelegt hat.

Wo theoretische Anhaltspunkte für den wahren Charakter der zu untersuchenden Kurven fehlen, bleibt somit nichts übrig, als sich für irgendeinen bestimmten Zusammenhang der Variablen zu entscheiden. Die wichtigsten theoretischen Zusammenhänge, auf die man technische Kurven zu untersuchen hat und deren Betrachtung in der Mehrzahl der Fälle genügt, sind folgende:

1. $y = a\,x^2 + b\,x + c$: gemeine Parabel!

2. $y = a\sqrt[n]{x + b}$ oder $y = x^n + a\,x^{n-1} + b\,x^{n-2}$: Parabel höherer Ordnung!

3. $y = \dfrac{a\,x + b}{x + c}$ oder $y = \dfrac{a}{x + b}$: Hyperbel!   4. $y = a \cdot e^{b\,x}$: e-Funktion!

Es ist selbstverständlich, daß bei der Berechnung von 2 Koeffizienten 2 Punktpaare, von 3 Koeffizienten 3 Punktpaare usw. aus dem Zahlenmaterial bzw. der Kurve herausgegriffen werden müssen.

Besonders wichtig für die Technik sind die hyperbolischen und exponentiellen Zusammenhänge — nicht etwa, weil sie tatsächlich am häufigsten vorkämen, sondern weil sie einseitig gekrümmte Kurven durch eine Mindestzahl von Koeffizienten innerhalb weiter Intervalle darzustellen gestatten und die sich ergebenden Formeln verhältnismäßig einfach im Aufbau sind.

Trägt man irgendwelche — theoretisch oder empirisch gefundenen — Zusammenhänge, die im regulären KS eine Kurve ergeben, in ein einfach oder doppelt logarithmisches KS ein, so wird darin die Kurve oft wesentlich gestreckter erscheinen, so daß sie unter Umständen sogar durch eine Gerade ersetzt werden kann. Im letzteren Falle ist es dann einfach, nach der im vorigen Abschnitt angegebenen Vorschrift die Kurvengleichung abzuleiten. Einige Beispiele mögen das Gesagte erläutern:

Die nebenstehend zusammengestellten Wertpaare sind gemessen worden.

Beispiel:

Messung- Nr.	$\dfrac{l}{d}$	k
1	0,1	2,1
2	0,3	3,7
3	0,5	4,7
4	0,7	5,6
5	1,0	6,7
6	1,5	8,2

Die Beziehung $k = f\left(\dfrac{l}{d}\right)$ ist gesucht.

Die graphische Darstellung ergibt eine parabelähnliche Kurve. Man könnte daher der Kurvengleichung die Form geben: $k = a + b\left(\dfrac{l}{d}\right) + c\left(\dfrac{l}{d}\right)^2$. — Die Auflösung der drei Gleichungen:

(1) $2,1 = a + 0,1\,b + 0,01\,c$;   (4) $5,6 = a + 0,7\,b + 0,49\,c$;

(5) $8,2 = a + 1,5\,b + 2,25\,c$

gibt als Kurvengleichung

$$k = 1{,}39 + 7{,}3\left(\frac{l}{d}\right) - 1{,}85\left(\frac{l}{d}\right)^2.$$

Abgesehen von der wenig gefälligen Form dieser Gleichung weichen die hiernach berechneten k-Werte für $\frac{l}{d} = 0{,}3$ bzw. $= 0{,}5$ und $1{,}0$ von den beobachteten so stark ab, daß es zweckmäßig erscheint, nach einer anderen Beziehung zu suchen. Trägt man die gegebenen Werte in ein KS mit logarithmisch geteilten Achsen ein, so liegen sämtliche Punkte mit hinreichender Genauigkeit auf einer Geraden, deren Gleichung sich z. B. aus den Punkten (2) und (5) wie folgt berechnet:

$$\lg 3{,}7 = a \lg 0{,}3 + b$$
$$\lg 6{,}7 = a \lg 1{,}0 + b$$
$$\overline{0{,}568 = -0{,}523\,a + b}$$
$$0{,}826 = \quad\ 0 \quad + b$$
$$\overline{0{,}258 = 0{,}523\,a}$$
$$a = 0{,}493$$
$$b = 0{,}826\,b$$

daher

$$\lg k = 0{,}493 \lg\left(\frac{l}{d}\right) + 0{,}826;$$

$$\lg k = 0{,}493 \lg\frac{l}{d} = \lg\left[k\cdot\left(\frac{l}{d}\right)^{-0{,}493}\right] = 0{,}826;$$

$$k\cdot\left(\frac{l}{d}\right)^{-0{,}493} = 6{,}7;$$

$$k\cdot 6{,}7\cdot\left(\frac{l}{d}\right)^{0{,}493} \approx 6{,}7\sqrt{\frac{l}{d}}\,.$$

Auch ohne die Darstellung im doppelt logarithmischen KS wäre man zum gleichen Ergebnis gekommen, wenn man von vornherein zwischen k und $\left(\frac{l}{d}\right)$ einen Zusammenhang von der Form $k = a\left(\frac{l}{d}\right)^b$ der Berechnung zugrunde gelegt hätte; das Gleichungspaar $3{,}7 = a \cdot 0{,}3$ und $6{,}7 = a \cdot 1{,}0\,b$ führt ebenfalls zu $a = 6{,}7$; $b = 0{,}493 \approx 0{,}5$. Die auf Grund der Gleichung $k = 6{,}7\sqrt{\frac{l}{d}}$ berechneten k-Werte zeigen befriedigende Übereinstimmung mit den gemessenen.

17. Das Polarkoordinatensystem.

a) Ein Punkt in der Ebene kann statt durch seine rechtwinkligen Koordinaten x und y auch dadurch eindeutig festgelegt werden (Abb. 34), daß man seinen Abstand vom Ursprung und die Neigung der Verbindungslinie OP gegen die x-Achse angibt.

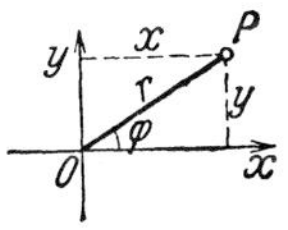

Der Abstand $OP = r$ heißt alsdann Radius-Vektor, der Winkel φ heißt Richtungswinkel oder Anomalie. Radiusvektor r und Richtungswinkel φ bilden die Polarkoordinaten des betreffenden Punktes.

Abb. 34.

b) Zwischen den Polarkoordinaten r und φ und den rechtwinkligen Koordinaten x und y bestehen die Beziehungen

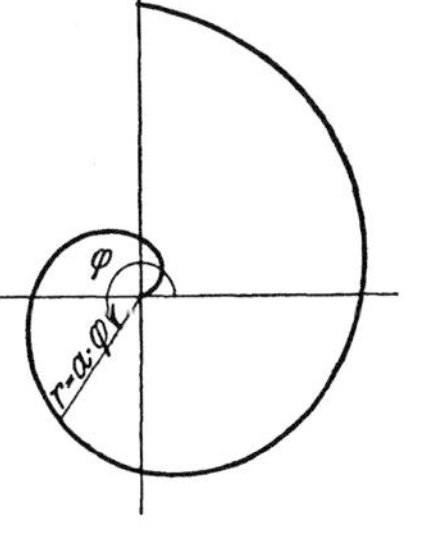

Abb. 35.

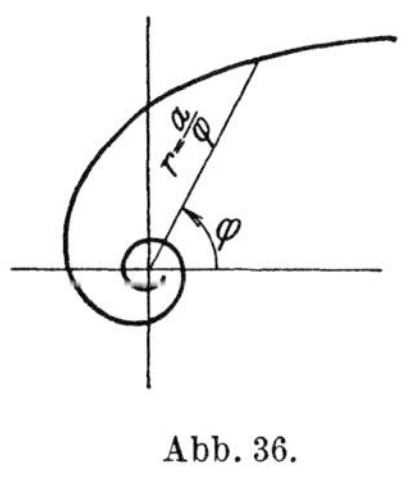

Abb. 36.

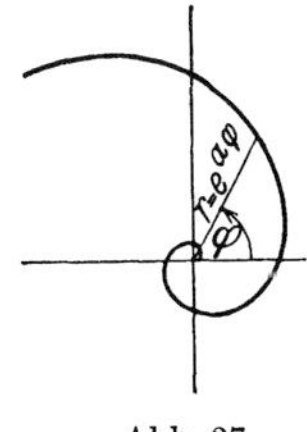

Abb. 37.

$$y = r \sin \varphi \quad (87) \qquad x = r \cos \varphi \quad (88) \qquad \frac{y}{x} = \operatorname{tg} \varphi \quad (89)$$

c) Die Polarkoordinaten werden für spiralige und ähnliche Kurven verwendet, weil für diese die Gleichungen in Polarkoordinaten einfacher werden als in rechtwinkligen.

Beispiele: $\qquad r = a \cdot \varphi$: Archimedische Spirale, Abb. 35; $\qquad\qquad$ (90)

$r = \dfrac{a}{\varphi}$: Hyperbolische Spirale, Abb. 36 (91); $\quad r = m \cdot e^{\frac{\varphi}{a}}$: Logarithm. Spirale, Abb. 37 (92)

18. Die Doppelskalen.

a) Doppelskalen nennt man eine besondere Art der graphischen Darstellung von funktionalen Zusammenhängen, wobei auf der einen Seite einer Geraden (oder auch Kurve) die Argumente, auf der anderen Seite die Funktionswerte in Form von Skalen aufgetragen sind.

Dabei ist es an sich gleichgültig, ob man die Argumente regulär und die Funktionswerte funktionell, oder umgekehrt aufträgt. Vgl. hierzu die Abb. 38 und 39, welche die sin-Skala in den beiden grundsätzlich möglichen Ausführungsformen zeigen. In den Abb. 40 und 41 sind als weitere Beispiele die Gleichungen $y = \operatorname{tg}\alpha$ bzw. $y = \lg x$ als Doppelskalen dargestellt.

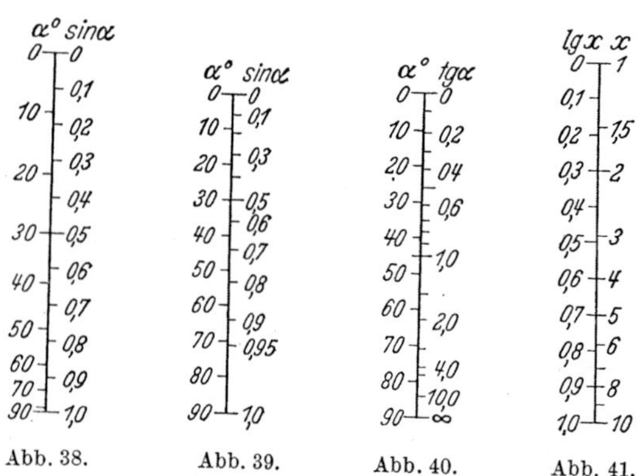

Abb. 38. $\qquad$ Abb. 39. $\qquad$ Abb. 40. $\qquad$ Abb. 41.

b) Die Doppelskalen werden meist an Hand von Zahlentafeln aufgestellt; für einige einfache algebraische Zusammenhänge sind indes auch rein graphische Verfahren bekannt, die bei einiger Sorgfalt zu ausreichend genauen Resultaten führen.

Abb. 42 zeigt die Konstruktion der quadratischen Skala $y = x^2$; daß diese Konstruktion von

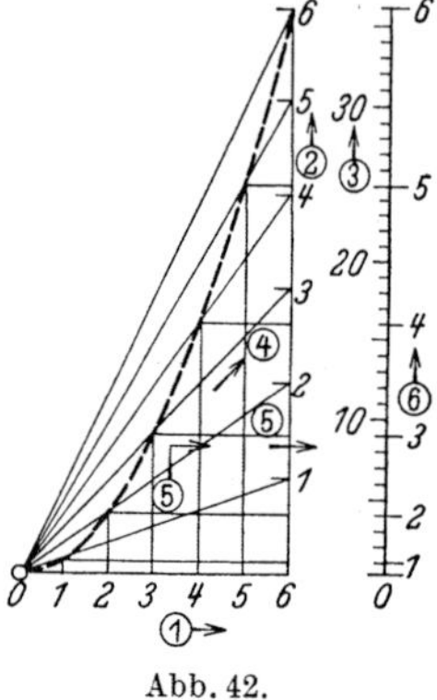

Abb. 42.

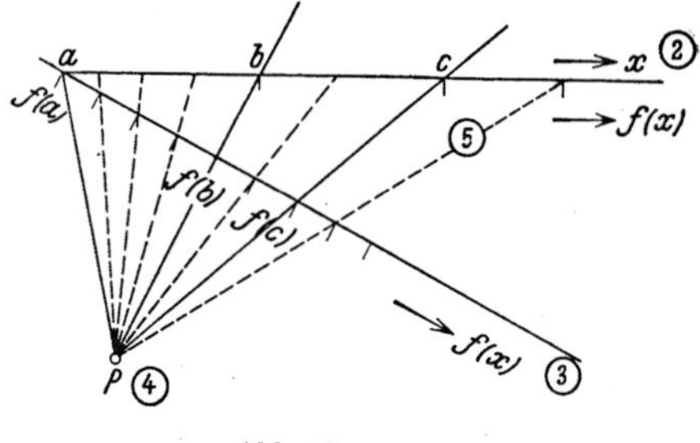

Abb. 43.

der „quadratischen" Eigenschaft der Parabel Gebrauch macht, ist ohne weiteres erkennbar.

Abb. 43 zeigt weiter die Konstruktion einer Skala für den hyperbolischen Zusammenhang:

$$y = \frac{\alpha + \beta x}{\gamma + \delta x},\qquad (93)$$

worin α, β, γ und δ spezielle Zahlen bedeuten, die zum Teil auch Null sein können.

Die Skala, deren Richtigkeit mit Hilfe der Lehrsätze der projektiven Geo-

metrie aus Doppelverhältnissen bewiesen wird, kann nach folgendem Schema
konstruiert werden (Abb. 43):

1. Berechnung von mindestens drei zusammengehörigen Wertpaaren innerhalb des darzustellenden Intervalls in Form einer Tabelle.

2. Zeichnung einer regulär nach x geteilten Geraden.

3. Zeichnung einer regulär nach $f(x)$ geteilten Gerade in beliebigem
Winkel zur x-Teilung, jedoch so, daß in ihrem Schnittpunkt zwei
zusammengehörige Werte beider Teilungen zusammenfallen. (In der
Abb. a und $f(a)$.

x	$f(\lambda)$
a	$f(a)$
b	$f(b)$
c	$f(c)$
$\cdot$	$\cdot$
$\cdot$	$\cdot$

4. Konstruktion des Projektions-Pols aus dem Schnitt mindestens zweier Geraden $b \div f(b)$; $c \div f(c)$ usw.

5. Teilung der Strecke $a \div c$. Die Teilungspunkte findet man dadurch, daß
man durch den Pol und die einzelnen Teilungspunkte der $f(x)$-Linie Gerade
legt, die die Strecke $a \div c$ in den gesuchten Punkten schneiden.

Die hiernach konstruierten Teilungen nennt man auch projektive Skalen.

Als Beispiel für die Anwendung der aufgestellten Regeln zeigt Abb. 44 eine
Aräometerskala, für die die Gleichung $l = \alpha + \beta \cdot \dfrac{\gamma - 1}{\gamma}$ gilt, und
zwar speziell für $\alpha = 40$; $\beta = 150$; $\gamma\big]_{0,8}^{2,0}$.

Endlich zeigt Abb. 45 die entsprechende Konstruktion für den
Zusammenhang $y = \dfrac{100 + x}{100 - x}$.

Die in kleinen Kreisen beigefügten Zahlen deuten die Reihenfolge der vorzunehmenden Konstruktionen an.

Berechnete
Zahlentafel

γ	$l = f(\gamma)$
0,8	2,5
1	40
1,5	90
2	115

c) Die projektiven Skalen können mit Vorteil zur graphischen Interpolation
beliebiger Funktionen und selbst empirisch gefundener Zusammenhänge — wenig-

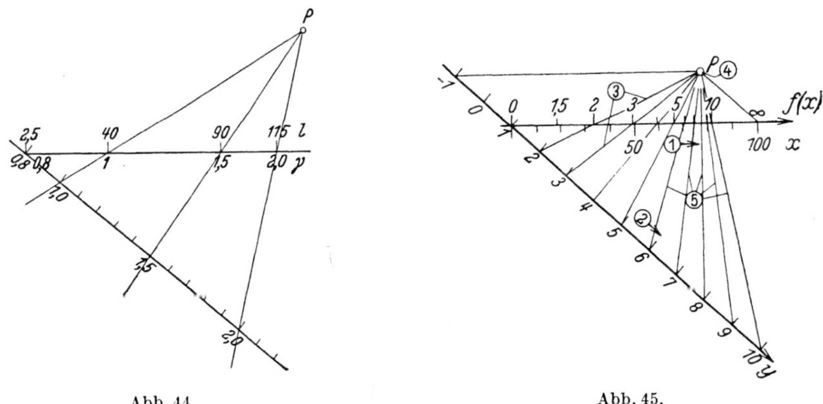

Abb. 44.   Abb. 45.

stens über kleine Intervalle — Verwendung finden, da man ja kleinere Teile
beliebiger Kurven, ohne der Genauigkeit Abbruch zu tun, durch ein Hyperbelstück
ersetzen kann. Überhaupt ist gerade die Hyperbel eine der wichtigsten technischen
Kurven, da sehr viele technische Zusammenhänge durch sie mit großer Annäherung graphisch dargestellt werden können.

d) Der Maßstab, den man der Zeichnung einer Doppelskala zugrunde legt,
ist an sich beliebig, doch kann es notwendig werden, das Maßstabverhältnis zweier
Skalen einmal anzugeben. Der relative Teilungsmaßstab einer Skala ist gegeben
durch den sog. Teilungsmodul μ. Hat man zwei Skalen f_1 und f_2 mit den

Teilungsmoduln μ_1 und μ_2 (z. B. $\mu_1:\mu_2 = 3:2$), so bedeutet das, daß bei der Skala f_1 die Einheit der abhängigen Variablen die Länge μ_1 (etwa $\mu_1 = 3\,\text{mm}$) bei der Skala f_2 hingegen die Länge μ_2 ($\mu_2 = 2\,\text{mm}$) hat.

Beispiel: Es seien die Skalen $y_1 = 2x$ und $y_2 = x^2$, und zwar beide für das Intervall $x]_0^{100}$ zu zeichnen; beide Skalen sollen je 100 mm lang werden. Das Verhältnis der Teilungsmoduln berechnet sich alsdann wie folgt:

a) $y = 2x$ nimmt für $x = 100$ den Wert 200 an; 200 Einheiten sollen 100 mm lang werden; 1 Einheit wird somit $\dfrac{100}{200} = 0{,}5$ mm lang.

b) $y = x^2$ nimmt für $x = 100$ den Wert 10^4 an. 10000 Einheiten sollen 100 mm lang gezeichnet werden; 1 Einheit hat somit eine Länge von $\dfrac{100}{10000} = 0{,}01$ mm. Die Teilungsmoduln beider Skalen verhalten sich somit wie $0{,}5:0{,}01 = 50:1 = 100:2$ usw.

19. Fluchtlinientafeln.

a) Fluchtrecht nennt man 3 Punkte, die in einer Geraden liegen.

Die Funktion
$$z = f(x, y) \tag{94}$$
läßt sich in einem regulären rechtwinkligen KS als Kurvenschar, in einem solchen mit entsprechend funktionell geteilten Achsen als Schar gerader Linien darstellen. Jede Schar gerader Linien wieder läßt sich im sog. Parallelkoordinatensystem durch drei Skalen so darstellen, daß jeweils drei zusammengehörige Werte auf einer geraden Linie liegen ($=$ Nomogramm nach der Methode der fluchtrechten Punkte).

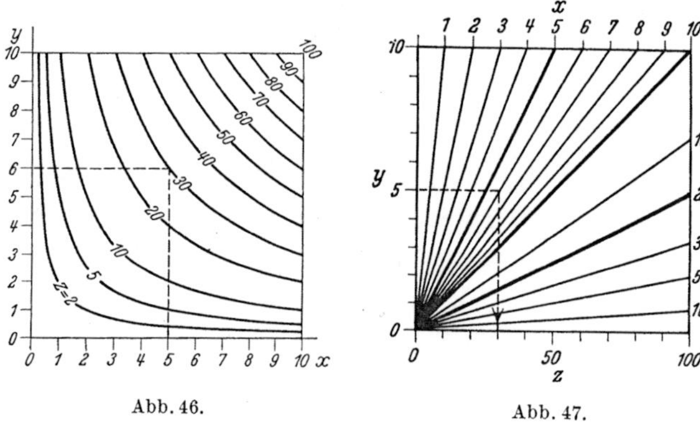

Abb. 46. Abb. 47.

So ist in den Abb. 46 bis 49 ein und dieselbe Funktion $z = x \cdot y$ einmal als Hyperbelschar im gewöhnlichen KS (Abb. 46), ferner als Schar gerader Linien im regulär geteilten KS (Abb. 47), dann als Schar gerader Linien in einem KS mit logarithmisch geteilten Achsen (Abb. 48) und schließlich als Nomogramm (Abb. 49) gezeichnet. Die außerordentliche Einfachheit des Nomogramms ist offensichtlich.

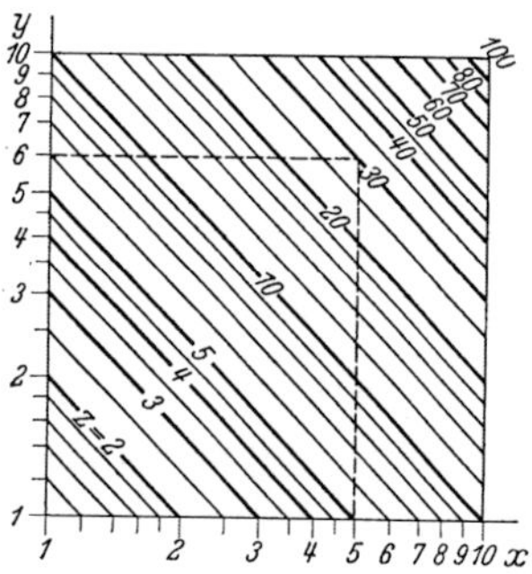

Zu bemerken bleibt, daß bei Nomogrammen die Skalen lediglich als einfache Funktionsskalen ohne die reguläre Skala der Funktionswerte gezeichnet werden.

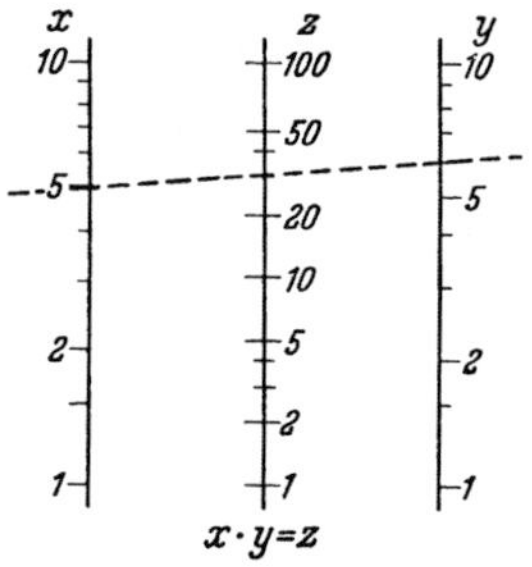

Abb. 48. Abb. 49.

b) Für den Fall, daß der nomographisch darzustellende Zusammenhang sich auf die Form $a \cdot f(x) + b \cdot f(y) = c \cdot f(z)$
$$\tag{95}$$

bringen läßt, erhält man eine Fluchtlinientafel mit drei parallelen Skalenträgern, auf denen die Funktionen $f(x)$, $f(y)$ und $f(z)$ gemäß der Abb. 50 aufzutragen sind. Die Teilungsmoduln μ_x und μ_y können beliebig gewählt werden; aus ihnen berechnet sich alsdann das Abstandsverhältnis der äußeren Skalen von der inneren Skala zu

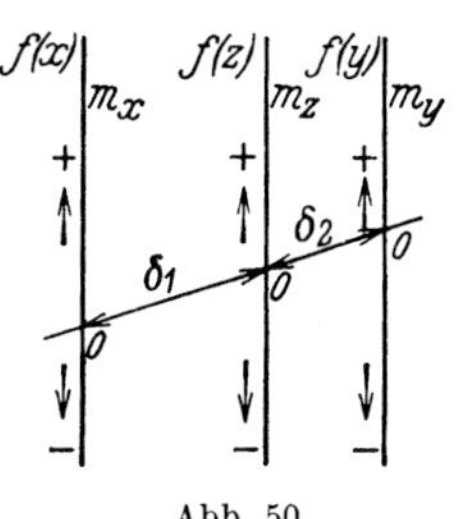

Abb. 50.

$$\frac{\delta_1}{\delta_2} = \frac{\mu_1}{\mu_2} \qquad (96)$$

und weiter der Teilungsmodul der inneren Skala zu

$$\mu_z = \frac{\mu_x \mu_y}{\mu_x + \mu_y}. \qquad (97)$$

Durch Multiplikation der gegebenen Gleichung mit den zugehörigen Teilungsmoduln erhält man

$$\mu_1 \cdot a \cdot f(x) + \mu_2 \cdot b \cdot f(y) = \mu_3 \cdot c \cdot f(z) \qquad (98)$$

oder, vereinfachter geschrieben, die „Zeichengleichung":

$$m_x f(x) + m_y f(y) = m_z f(z). \qquad (99)$$

Die Koeffizienten m_x, m_y und m_z geben alsdann die effektiven Teilungsmoduln an, nach denen die betreffenden Skalen zu zeichnen sind.

c) Negative Funktionen sind in der entgegengesetzten Richtung aufzutragen wie die positiven; etwa auftretende freie Glieder — die nach den Regeln der Algebra zusammengefaßt werden dürfen — bedingen eine bestimmte, am besten durch eine kleine Nebenrechnung zu ermittelnde Verschiebung der z-Skala in Richtung der Teilung; die Anfangspunkte der beiden anderen Skalen können natürlich beliebig gewählt werden.

Beispiel: Die Gleichung $v = \dfrac{\pi}{1000} \cdot n \cdot d$ sei nomographisch darzustellen für $d]_5^{1000}$ und $n]_{10}^{1000}$.

1. Durch Logarithmieren geht die Gleichung über in $\lg v = \lg n + \lg d + \lg \dfrac{\pi}{1000}$. In der Form $\lg d + \lg n = \lg v - \lg \dfrac{\pi}{1000}$ entspricht sie unserer Normalform (Gleichung 95).

2. Wählt man die Teilungsmoduln für die d- und die n-Skala $\mu_d = \mu_n = 1$, so folgt nach Gleichung (97) der dritte Modul $\mu_v = \dfrac{1}{2}$, und das Verhältnis der Skalenabstände wird nach Gleichung (96) $\dfrac{\delta_1}{\delta_2} = \dfrac{\mu_1}{\mu_2} = \dfrac{1}{1}$, d. h. die Abstände der äußeren (d- und n-) Skalen von der inneren (v-) Skala werden gleich. Wie groß man $\delta_1 = \delta_2$ praktisch wählt, hängt von der beabsichtigten Größe des Nomogramms ab. Zweckmäßig ist, das Nomogramm etwa ebenso breit wie lang zu zeichnen, so daß spitzere Schnitte der Hilfsgraden mit den Skalenträgern als 45° nicht vorkommen.

3. Die Multiplikation unserer Normalform mit den Teilungsmoduln gibt endlich die Zeichengleichung $\lg d + \lg n = \dfrac{1}{2} \lg v - \dfrac{1}{2} \lg \dfrac{\pi}{1000}$.

Daraus erkennt man:

a) Alle Skalen sind wegen der gleichen Vorzeichen in der gleichen Richtung aufzutragen.

b) Alle Skalen sind logarithmisch geteilt, die beiden äußeren mit dem gleichen, die mittlere Skala mit dem halben Teilungsmodul der äußeren Skalen.

c) Die mittlere Skala ist um den Betrag $C = -\dfrac{1}{2} \lg \dfrac{\pi}{1000}$ gegen die die „Anfangspunkte" der d- und n-Skalen verbindenden Gerade verschoben. Für $d = 1$ und $n = 1$ wird nämlich $\lg d = 0$ und $\lg n = 0$, so daß $\lg v = \lg \dfrac{\pi}{1000}$. Da aber die Anfangspunkte in unserer Zeichnung als praktisch unwichtig unterdrückt wurden, empfiehlt es sich, die Verschiebung graphisch zu bestimmen. Zu diesem Zweck berechnet man sich für einen bestimmten v-Wert (etwa $v = 1000$) auf Grund der gegebenen, entsprechend umgeformten Gleichung $n = \dfrac{1000}{\pi} \cdot \dfrac{v}{d} = 318 \dfrac{v}{d}$ einige zugehörige d- und n-Werte. Sind nun die d- und n-Skalen bereits gezeichnet, und verbindet man die zusammengehörigen d- und n-Werte durch gerade Linien, so schneiden sich diese sämtlich in einem Punkte, der dem Werte $v = 100$ entspricht. Von diesen ausgehend lassen sich dann leicht mit Hilfe einer vorhandenen logarithmischen Teilung des erforderlichen Moduls die übrigen Punkte der v-Skala auftragen.

d	v	n
50	100	636
200	100	159
500	100	63,6

Die fertige Fluchtlinientafel zeigt Abb. 51.

d) Nach demselben Schema lassen sich auch Fluchtlinientafeln mit mehreren Veränderlichen darstellen.

Hat man z. B. die Gleichung $t = \dfrac{\pi}{100} \cdot \dfrac{d}{v \cdot s}$ *, so erhält man durch Logarithmieren und einiger Umstellung $\lg v - \lg d + \lg t = -\lg s + c$, wenn mit C der konstante Wert $-\lg \dfrac{\pi}{100}$ bezeichnet wird. Man kann nun irgend zwei der Funktionen — z. B. die beiden ersten — zu einer Hilfsfunktion $\lg H$ zusammenfassen und zunächst den Zusammenhang $\lg v - \lg d = \lg H$ in der bekannten Weise darstellen. Des weiteren zeichnet man nach den gleichen Grundsätzen eine zweite Fluchtlinientafel für $\lg H + \lg t = -\lg s + C$ unter Benutzung der bereits gezeichneten $\lg H$-Skala. Die Teilung und Bezifferung der H-Skala kann wegbleiben. Die grundsätzliche Anordnung der Skalen zeigt Abb. 52. Ist man sich

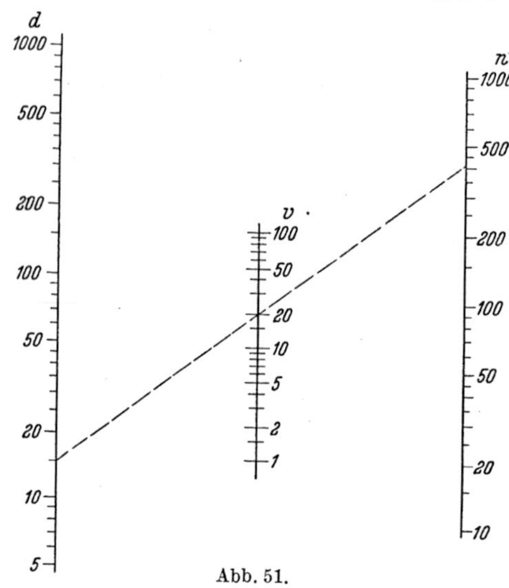

Abb. 51.

darüber klar, daß $H = \dfrac{v}{d} = n \dfrac{\pi}{100}$, so kann die H-Skala auch nach n geteilt werden. Man kann dann weiter die bereits für d und v vorhandenen Skalenträger noch einmal — nämlich für die s- und die t-Skala — benutzen und kommt dann auf ein sehr einfaches Nomogramm, das Abb. 53 zeigt. Die dort eingezeichneten Linien dienen zur Berechnung von t für $d = 50$, $v = 20$, $s = 1,25$. Ergebnis: $n = 125$; $t = 0,072$ (min).

e) Auch rein empirisch, d. h. durch Versuche gefundene Zusammenhänge lassen sich nomographisch darstellen, wenn man bedenkt, daß jede Schar gerader Linien im rechtwinkeligen KS sich unmittelbar in eine Fluchtlinientafel umzeichnen

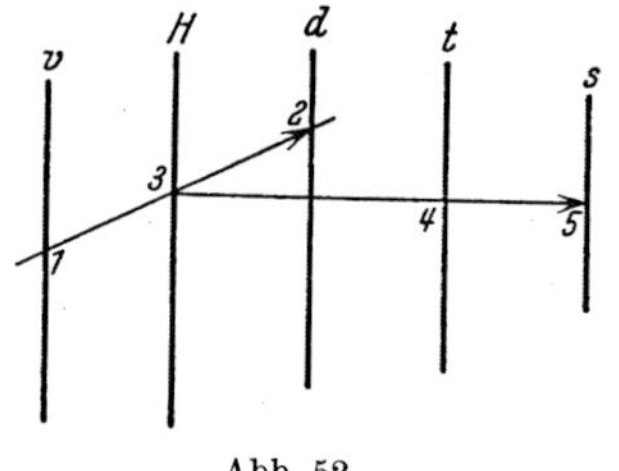

Abb. 52.

---

* Die hier behandelten Formeln $v = \dfrac{\pi}{1000} n \cdot d$ und $t = \dfrac{\pi}{100} \cdot \dfrac{d}{v \cdot s}$ sind durch die Beziehung $t = \dfrac{10}{s \cdot n}$ miteinander verknüpft; sie dienen zur Berechnung der Laufzeit t (min) für 10 mm Drehlänge, wenn d den Durchmesser des Werkstücks in mm, v die Schnittgeschwindigkeit (Umfangsgeschwindigkeit) in m/min, n die Umdrehungen je min, s den Vorschub in mm/U bedeutet.

läßt, sofern man die Koordinatenachsen als äußere Parallelskalen aufträgt. Die Geradenschar schrumpft dann zur dritten Skala zusammen, die man punktweise aus mindestens je zwei Wertpaaren, die jeweils einer der Geraden zugeordnet sind, konstruiert.

Beispiel. In der Zeitschrift des Vereins deutscher Ingenieure, Jahrgang 1930, S.1220, haben Wallichs und Dabringhaus eine graphische Tafel zur Bestimmung der Stundenschnittgeschwindigkeit v_{60} (m/min) eines Werkstoffes gegebener Festigkeit σ_B (kg/mm²) aus der Spantiefe t (mm) und dem Vorschub s (mm/U) veröffentlicht. Aus dieser

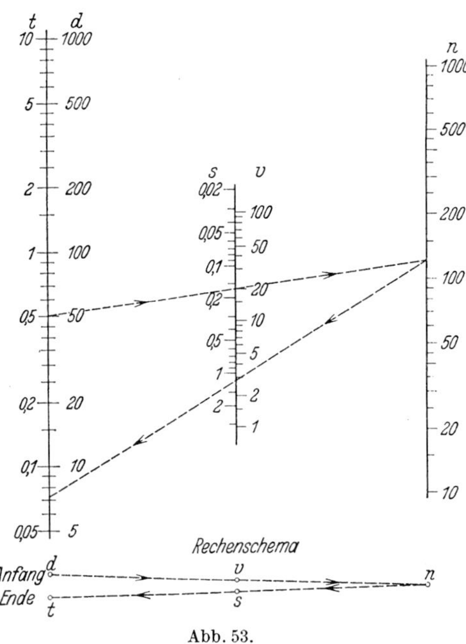

Abb. 53.

t	s	H	H	σ_B	v_{60}
1	0,5	0	0	30	—
1	2	4	0	50	60
1	4	6	0	100	26
2	0,5	1	4	30	80
2	2	5	4	50	40
2	4	7	4	100	17
8	0,5	3	5	30	68
8	2	7	5	50	34
8	4	9	5	100	15
16	0,5	4	8	30	40
16	2	8	8	50	20
16	4	10	8	100	—

Tafel sind die obenstehend zusammengestellten Werte entnommen. H ist wieder eine Hilfsgröße, auf deren theoretische Bedeutung hier aber nicht eingegangen zu werden braucht.

In Abb. 54 sind diese Werte in einem rechtwinkligen KS graphisch dargestellt. Das daraus (rein zeichnerisch) abgeleitete Nomogramm zeigt Abb. 55. Die erforderlichen Interpolationen erfolgten hier ebenfalls graphisch mit Hilfe projek-

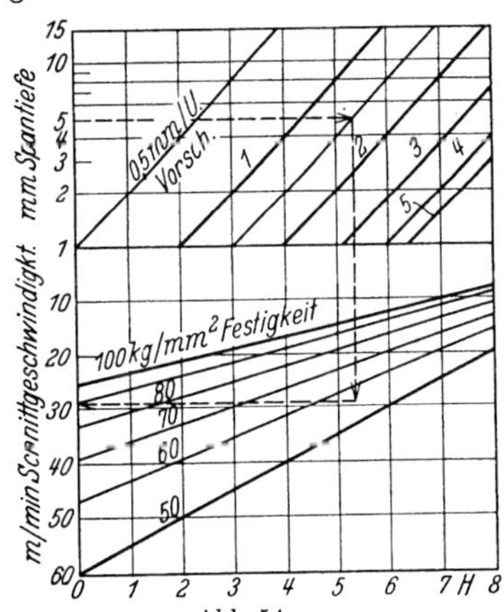

Abb. 54.

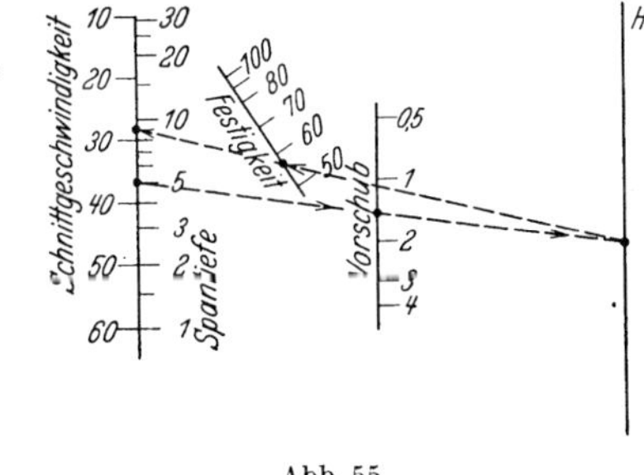

Abb. 55.

tiver Skalen (siehe S. 34). Die in die Abb. 55 eingezeichneten Geraden dienen zur Berechnung von v für $t = 5$; $s = 1,5$; $\sigma_B = 57$. Ergebnis: $v = 29$ (m/min).

B. Algebra und algebraische Analysis.

20. Allgemeines über Gleichungen und ihre Auflösung.

a) Eine Gleichung nennt man allgemein je zwei algebraische Ausdrücke, die durch ein Gleichheitszeichen miteinander verbunden sind. Die Größen links und rechts des Gleichheitszeichens heißen die Seiten der Gleichung.

Gleichungen sind bespielsweise:

1. $a = a$: identische Gleichung
2. $n \cdot a = a + a + a + \cdots$ (n Summanden) $\Big\}$
3. $a^n = a \cdot a \cdot a \cdot a \cdots$ (n Faktoren) $\quad$ Definitionsgleichungen
4. $a \cdot b = b \cdot a$ $\quad$ $\Big\}$
5. $a^2 - b^2 = (a + b)(a - b)$ $\quad$ Algebraische Formeln
6. $a x + b = c;$ $\quad x = ?$ $\Big\}$
7. $F = \dfrac{d^2 \pi}{4},$ $\qquad d = ?$ $\quad$ Bestimmungsgleichungen.

Identische Gleichungen sind solche, deren beide Seiten sowohl dem Inhalt wie auch der Form nach übereinstimmen. Die identische Gleichung 1, deren Richtigkeit sich nicht beweisen läßt, ist die symbolische Darstellung des mathematischen Grundsatzes oder Axioms: „Jede Größe ist sich selber gleich."

Definitionsgleichungen schließen eine Erklärung ein. So erklärt die Gleichung 2 die Multiplikation als eine Addition gleicher Summanden; die Gleichung 3 erklärt die Potenz als ein Produkt aus lauter gleichen Faktoren. Solche Definitionsgleichungen erklären sowohl eine mathematische Operation an sich, wie auch das für diese eingeführte Symbol. Oft reicht übrigens für eine eindeutige Definition eine einzige Gleichung nicht aus; es ist noch eine zweite Gleichung notwendig, auf die sich die Definition stützt, eine Voraussetzung; so kann z. B. die Wurzel lediglich dadurch ausreichend erläutert werden, daß man

sagt: Es ist $\sqrt[n]{a} = b$, vorausgesetzt, daß $b^n = a$.

Formeln sind Gleichungen, die einen Lehrsatz einschließen; der in Gleichung 4 enthaltene Lehrsatz lautet: „Die Reihenfolge der Faktoren ist beliebig."

Bestimmungsgleichungen endlich sind solche Gleichungen, die eine oder mehrere Unbekannte enthalten, die durch gegebene oder als bekannt vorausgesetzte Größen ausgedrückt werden sollen. Das Berechnen der Unbekannten nennt man Auflösen der Gleichung.

b) Die Bestimmungsgleichungen können nach folgendem Schema eingeteilt werden:

Algebraische Gleichungen				Transzendente Gleichungen	
(mit 1, 2, 3 und mehr Unbekannten)					
1. Grades (= lineare Gleichungen)	2. Grades (= quadratische Gleichungen)	3. Grades (= kubische Gleichungen)	Höheren Grades	Exponential-Gleichungen	Trigonometrische Gleichungen

Beispiele:

$a x + b = 0$: lineare Gleichung $\qquad\qquad$ $x^x + a x^{n-1} + b x^{n-2} + \cdots = 0$: Gleichung n. Grades

$x^2 + a x + b = 0$: quadratische Gleichung; $a^x = b$: Exponentialgleichung

$x^3 + b x + c = 0$: kubische Gleichung $\qquad$ $a \sin(b x + c) = d$: trigonometrische Gleichung.

Der Grad einer algebraischen Gleichung ist bedingt durch den größten Exponenten, der bei der Unbekannten auftritt.

c) Die Auflösung einer Gleichung wird ermöglicht durch die Tatsache, daß eine Gleichung unverändert bleibt, wenn beide Seiten in gleicher Weise umgeformt werden. Man darf also beide Seiten gleichzeitig um dieselbe Größe vermehren oder vermindern, man darf beide Seiten gleichzeitig mit derselben Zahl multiplizieren oder durch die gleiche Zahl dividieren; man kann beide Seiten gleichzeitig logarithmieren, potenzieren usw.

Wichtig sind besonders folgende beiden Regeln:

$$1.\ \begin{aligned} x - a &= b \\ x - a \underbrace{+ a}_{0} &= b + a \\ x &= b + a \end{aligned} \Bigg\}$$ d. h. eine additive Größe kann von der einen Seite mit umgekehrtem Vorzeichen auf die andere Seite geschrieben werden.

$$2.\ \begin{aligned} a\,x &= b \\ \frac{ax}{a} &= \frac{b}{a} = b \cdot \frac{1}{a} \\ x &= b \cdot \frac{1}{a} \end{aligned} \Bigg\}$$ d. h. ein Faktor der einen Seite kann auf die andere Seite als reziproker Faktor geschrieben werden.

Beispiele:

$$\sqrt{ax} = 3; \qquad a^4{}^x = a^2 + 3x; \qquad x^2 = 2ax - a^2;$$
$$ax = 9; \qquad 4x\lg a = (2 + 3x)\lg a; \qquad x^2 - 2ax + a^2 = 0;$$
$$x = \frac{9}{a}; \qquad 4x = 2 + 3x; \qquad (x-a)^2 = 0;$$
$$\qquad x = 2; \qquad x - a = 0;$$
$$x = a.$$

21. Gleichungen 1. Grades.

a) Jede Gleichung 1. Grades mit einer Unbekannten läßt sich auf die Form bringen: $ax + b = 0$. Die Lösung dieser Normalform lautet $x = -\dfrac{b}{a}$.

Um eine vorgelegte Gleichung auf diese leicht lösbare Normalform zu bringen, ist eine Reihe von Umformungen notwendig, die nach folgendem Schema ausgeführt werden können.

1. Nenner beseitigen. Es geschieht dies dadurch, daß die ganze Gleichung mit dem Hauptnenner durchmultipliziert wird. Die einzelnen Nenner heben sich dabei naturgemäß weg.

2. Klammern auflösen.

3. Die Glieder ordnen, d. h. alle Glieder mit der Unbekannten schreibt man auf die linke, alle anderen auf die rechte Seite.

4. Die Unbekannte links aussondern.

5. Die Gleichung durch den Faktor der Unbekannten dividieren.

Beispiel:
$$\frac{3}{x-7} + 5 = \frac{10x - 32}{2x - 10};$$

1. $\quad 3(2x - 10) + 5(x - 7)(2x - 10) = (10x - 32)(x - 7);$

2. $\quad 6x - 30 + 10x^2 - 70x - 50x + 350 = 10x^2 - 32x - 70x + 224;$

3. $\quad 10x^2 - 10x^2 + 6x - 70x - 50x + 32x + 70x = 224 + 30 - 350;$

4. $\qquad\qquad\qquad\qquad\qquad -12x = -96;$

5. $\qquad\qquad\qquad\qquad\qquad x = \dfrac{-96}{-12} = +8.$

b) Bei den meisten technischen Aufgaben handelt es sich darum, eine vorgelegte Formel nach einer der darin enthaltenen, durch die Aufgabe bestimmten Größe aufzulösen. Die Auflösung erfolgt natürlich nach den gleichen Grundsätzen wie bisher.

1. Beispiel: $\quad \lambda = \dfrac{Pl}{EF};\quad F = ?:\quad$ 1.* $\lambda E F = Pl;\quad$ 5. $F = \dfrac{Pl}{\lambda E}.$

2. Beispiel: $\quad v = k\dfrac{273 + t}{p};\quad t = ?;$

1. $v\,p = k(273 + t);\qquad\qquad$ 3. $k\,t = v\,p - 273\,k;$

2. $v\,p = 273\,k + k\,t;\qquad\qquad$ 5. $t = \dfrac{v\,p - 273\,k}{k} = \dfrac{v\,p}{k} - 273.$

---

* Die Ziffern bedeuten hier die Nummern der Umformungen unseres „Schemas" im Abschnitt a).

c) Sollen **mehrere Unbekannte** bestimmt werden, so müssen soviel voneinander unabhängige Gleichungen gegeben sein, wie Unbekannte vorhanden sind.

Das für technische Aufgaben wichtigste Lösungsverfahren ist die **Methode der Substitution**, das nachstehend an einem Beispiel allgemein dargestellt werden soll:

1. $a_1 x + b_1 y = c_1$ } Die 1. Gleichung nach y aufgelöst gibt die
2. $a_2 x + b_2 y = c_2$ } Substitutionsgleichung:

$$y = \frac{c_1 - a_1 x}{b_1}.$$

Setzt man diese in die 2. Gleichung ein, so erhält man

$$a_2 x + \frac{b_2 c_1 - b_2 a_1 x}{b_1} = c_2; \qquad a_2 b_1 x + b_2 c_1 - a_1 b_2 x = b_1 c_2;$$

$$x(a_2 b_1 - a_1 b_2) = b_1 c_2 - b_2 c_1; \qquad x = \frac{b_1 c_2 - b_2 c_1}{a_2 b_1 - a_1 b_2}.$$

Durch Einsetzen dieses Wertes in die Substitutionsgleichung erhält man schließlich

$$y = \frac{a_2 c_1 - a_1 c_2}{a_2 b_1 - a_1 b_2}.$$

(Man beachte den planmäßigen Aufbau der auftretenden Produktdifferenzen, die man **Determinanten** nennt, und die in der Theorie der Gleichungen eine Rolle spielen.)

Beispiele: 1. $\dfrac{3(y - 2x)}{5} = 0,6$ } Substitutionsgleichung aus 2.:

2. $y + 2,5 x = 10$ } $\boxed{y = 10 - 2,5\, x}$

$$\frac{3(10 - 2,5 x - 2 x)}{5} = 0,6; \quad 10 - 4,5 x = 1; \quad 4,5 x = 10 - 1 = 9; \quad \underline{x = 2;}$$

$$y = 10 - 2,5 \cdot 2 = 10 - 5 = 5; \qquad \underline{y = 5.}$$

22. Proportionen.

a) Eine **Proportion** ist eine Gleichung, deren beide Seiten Verhältniszahlen sind. Eine **Verhältniszahl** ist der Quotient aus zwei Zahlen mit derselben Maßbezeichnung.

Die allgemeine Form einer Proportion ist $\qquad a : b = c : d \qquad$ (100) gelesen „a verhält sich zu b wie c zu d" oder auch „es verhält sich a zu b wie c zu d".

Die Größen a, b, c und d heißen **Glieder** der Proportionen, und zwar nennt man a und d die **Außenglieder**, b und c die **Innenglieder**.

Wichtige Lehrsätze über Proportionen sind:

1. Das Produkt der Innenglieder ist gleich dem Produkt der Außenglieder.

2. In jeder Proportion können die Innenglieder vertauscht werden, ebenso die Außenglieder.

3. In jeder Proportion können die Innenglieder zu Außengliedern gemacht werden, wenn gleichzeitig die Außenglieder zu Innengliedern gemacht werden.

4. In jeder als Bruchgleichung geschriebenen Proportion kann der Zähler auf jeder Seite um den Betrag des zugehörigen Nenners vermehrt oder vermindert werden. Entsprechendes gilt für die Nenner: Gesetz der korrespondierenden Addition und Subtraktion.

b) Eine Proportion mit gleichen Innen- oder Außengliedern heißt stetige Proportion, z. B.

$$a : x = x : b \tag{101}$$

Daraus folgt: $\qquad x^2 = a \cdot b \quad (102) \quad$ oder $\quad x = \sqrt{ab}. \tag{103}$

Man nennt x die **mittlere Proportionale** zwischen a und b oder auch das **geometrische Mittel** aus a und b. Allgemein gilt für das geometrische Mittel aus n-Größen

$$m_g = \sqrt[n]{a_1 \cdot a_2 \cdot a_3 \ldots a_n}, \tag{104}$$

während das **arithmetische Mittel** aus den gleichen Größen sich berechnet zu

$$m_a = \frac{a_1 + a_2 \cdots + a_n}{n}. \tag{105}$$

Nach Cauchy ist stets $\qquad m_a > m_g, \tag{106}$

sofern $a_1 \neq a_2$.

Beispiele: 1. Aus 10 und 12 ist

$$\text{das arithmetische Mittel } m_a = \frac{10 + 12}{2} = 11{,}0,$$

$$\text{das geometrische Mittel } m_g = \sqrt{10 \cdot 12} = \sqrt{120} = 10{,}95,$$

also etwas kleiner als 11.

2. Das arithmetische Mittel zu bilden aus

<table>
<tr><td>46,32</td><td rowspan="11">Hier braucht man nicht erst sämtliche Zahlen zu addieren, denn man erkennt ja, daß das Mittel mit 46, ... beginnen muß. Die Summe der ersten Dezimalen hinter dem Komma ist 23, daher die 2 hinter dem Komma; der überschießende Betrag von 3 Einheiten ist gleich 30 Einheiten der 2. Dezimale hinter dem Komma. Dazu die Summe der Zahlen der 2. Dezimale gibt 75.</td></tr>
<tr><td>46,28</td></tr>
<tr><td>46,43</td></tr>
<tr><td>46,18</td></tr>
<tr><td>46,18</td></tr>
</table>

46,32
46,28
46,43
46,18
46,18
46,21
46,41
46,37
46,12
46,25
———
46,275

Hier braucht man nicht erst sämtliche Zahlen zu addieren, denn man erkennt ja, daß das Mittel mit 46, ... beginnen muß. Die Summe der ersten Dezimalen hinter dem Komma ist 23, daher die 2 hinter dem Komma; der überschießende Betrag von 3 Einheiten ist gleich 30 Einheiten der 2. Dezimale hinter dem Komma. Dazu die Summe der Zahlen der 2. Dezimale gibt 75.

c) Die Aussage, zwei Größen y und x seien **proportional**, kann wie folgt ausgedrückt werden: $\qquad y : x = y_1 : x_1. \tag{107}$ Dabei müssen y_1 und x_1 zwei den Größen x und y gleichartige und bekannte Größen sein. Alsdann ist der Bruch $\dfrac{y_1}{x_1}$ eine bekannte, konstante Zahl: $\dfrac{y_1}{x_1} = C$. Damit geht unsere Proportion über in $\quad y = Cx, \tag{108}$ d. h. zwei Größen sind proportional, wenn sie sich durch einen **konstanten Faktor**, den sog. **Proportionalitätsfaktor**, unterscheiden.

d) Außer dieser **direkten Proportionalität** gibt es noch andere Zusammenhänge. Man liest:

$$y = \frac{C}{x}, \quad y \text{ ist umgekehrt proportional } x; \tag{109}$$

$$y = C\sqrt{x}, \quad y \text{ ist der Wurzel aus } x \text{ proportional}; \tag{110}$$

$$y = \frac{C}{x^2}, \quad y \text{ ist umgekehrt proportional dem Quadrate von } x; \tag{111}$$

usw.

In technischen und physikalischen Formeln spielen die Proportionalitätsfaktoren meist die Rolle von Stoffkonstanten, die man spezifisch nennt (z. B. spezifisches Gewicht, spezifischer Widerstand, spezifische Wärme usw.). Sie erhalten meist ein besonderes Symbol.

Beispiele: Das absolute Gewicht G eines Körpers ist proportional seinem Volumen V: $G = V \cdot \gamma$. Der Proportionalitätsfaktor γ heißt hier „spezifisches Gewicht".

Der Fallweg s beim freien Fall im luftleeren Raum ist proportional dem Quadrate der Fallzeit $t : s = \dfrac{g}{2} t^2$. Der Proportionalitätsfaktor ist hier $\dfrac{g}{2}$, wobei g noch eine besondere physikalische Bedeutung hat (= Erdbeschleunigung).

c) Eine Größe kann auch gleichzeitig mehreren Größen proportional sein. Die betreffenden Größen sind alsdann miteinander zu multiplizieren.

Beispiel: Die elastische Längenänderung λ, die ein durch eine äußere Kraft P belasteten Stab vom Querschnitt F und der Länge l erfährt, ist

1. proportional der ursprünglichen Länge l,
2. proportional der beanspruchenden Kraft P
3. umgekehrt proportional der Querschnittfläche F; daher

$$\lambda = \alpha \cdot \frac{Pl}{F} = \frac{Pl}{EF}, \quad \text{wenn der Proportionalitätsfaktor mit } \alpha \text{ bzw. } \frac{1}{E} \text{ bezeichnet wird.}$$

23. Gleichungen höheren Grades und transzendente Gleichungen.

a) Folgende Sätze gelten allgemein für Gleichungen zweiten und höheren Grades:

1. Eine Gleichung n. Grades hat stets n Wurzeln ($=$ Lösungen).
2. Sind x_1, x_2, $x_3 \ldots x_n$ die Wurzeln einer Gleichung n. Grades, so führt der Ausdruck $(x - x_1)(x - x_2) \ldots (x - x_n) = 0$ auf die gegebene Gleichung zurück.
3. Hat eine vorgelegte Gleichung

$$f(x) = x^n + a_1 x^{n-1} + a_2 x^{n-2} + \cdots + a_n = 0 \tag{112}$$

die Wurzel $x = \alpha$, so ist $f(x)$ durch $x - \alpha$ ohne Rest teilbar.

4. Sind $x_1 x_2 \ldots x_n$ die Wurzeln der Gleichung 112, so gilt für die Koeffizienten:

$$\left.\begin{aligned}
a_1 &= -(x_1 + x_2 + \cdots + x_n); \\
a_2 &= x_1 x_2 + x_1 x_3 + \cdots + x_2 x_3 + x_2 x_4 + \cdots; \\
a_3 &= -(x_1 x_2 x_3 + x_1 x_3 x_4 + x_1 x_3 x_5 + \cdots); \\
a_n &= (-1)^n \cdot x_1 x_2 x_3 x_4 \ldots x_n.
\end{aligned}\right\} \tag{113}$$

b) Jede quadratische Gleichung läßt sich durch entsprechende Umformung auf die Normalform bringen:

$$f(x) = x^2 + ax + b = 0. \tag{114}$$

Die beiden Wurzeln dieser Gleichungen sind

$$x_{1,2} = -\frac{a}{2} \pm \sqrt{\frac{a^2}{4} - b}. \tag{115}$$

Die Größe $\frac{a^2}{4} - b$ heißt Diskriminante; ist sie negativ, so sind die beiden Wurzeln sogen. konjugiert komplexe Zahlen.

Als Rechenkontrollen hat man:

1.
$$(x - x_1)(x - x_2) = 0 \tag{116}$$

muß, aufgelöst, die ursprüngliche Gleichung ergeben.

2. Es muß ergeben: $-(x_1 + x_2) = a$ (117) $x_1 x_2 = b$.   (118)

Beispiel: $x(x - 5{,}5) = 15$ führt auf die Normalform: $x^2 - 5{,}5x - 15 = 0$, hieraus

$$x_{1,2} = +2{,}75 \pm \sqrt{2{,}75^2 + 15} = +2{,}75 \pm \sqrt{7{,}56 + 15} = +2{,}75 \pm 4{,}75,$$

daher $x_1 = -2{,}0$; $x_2 = +7{,}5$.

Kontrollen: $(x + 2)(x - 7{,}5) = x^2 - 5{,}5x - 15 = 0$ (stimmt); oder

$$a = -(-2 + 7{,}5) = -5{,}5 \text{ (stimmt)}; \quad b = -2 \cdot 7{,}5 = -15 \text{ (stimmt)}.$$

c) Auch zur Lösung von kubischen Gleichungen und manchen Gleichungen noch höheren Grades sind exakte Lösungsverfahren bekannt, doch soll auf diese hier nicht eingegangen werden. Zudem werden für technische Zwecke gewöhnlich nicht alle, sondern nur einzelne, meist in ihrer Größenordnung bekannte Wurzeln gebraucht. Gegebenenfalls löst man solche Gleichungen graphisch.

Das geschieht in der Weise, daß man in die vorgelegte Gleichung $f\,x) = 0$ beliebige Werte für x einsetzt und den Wert $y = f\,(x)$ ausrechnet. Er wird gewöhnlich $\neq 0$ sein. Durch geeignete Wahl von x kann man schließlich x in immer engere Grenzen einschließen. Zeichnet man schließlich die Kurven $f\,(x) = y$ in ein rechtwinkliges KS ein, so ist die Abszisse des Schnittpunktes der Kurve mit x-Achse gleich der gesuchten Wurzel.

Beispiel: $x^3 + x^2 - 5,7\,x - 3 = 0$; $x = ?$ Nachstehend die tabellarische Auswertung:

x	x^3	x^2	$-5,7\,x$	$f(x)$
-3	-27	$+9$	$+17,1$	$-3,9$
-2	-8	$+4$	$+11,4$	$+4,4$
-1	-1	$+1$	$+5,7$	$+2,7$
0	0	0	0	-3
1	1	$+1$	$-5,7$	$-6,7$
2	8	$+4$	$-11,4$	$-2,4$
3	27	$+9$	$-17,1$	$+15,9$

Die hiernach aufgezeichnete Kurve zeigt Abb. 56; die x-Achse wird in den Punkten $x_1 = -2,7$, $x_2 = -0,5$, $x_3 = +2,2$ geschnitten; dies sind — näherungsweise — die Wurzeln der vorgelegten Gleichungen.

Die so bestimmten Werte können auch durch eine lineare Interpolation gemäß Beispiel 3 im Abschnitt 13 b berechnet werden, z. B.

x	-3	-2	$?$	$+1$
$f(x)$	$-3,9$	$+4,4$	0	$+8,4$ $\quad +3,9$,

$$\delta x = 3,9 \cdot \frac{1}{8,4} = 0,464, \quad \text{daher} \quad x = -3 + 0,464 = -2,54.$$

Dieses Verfahren, das man die regula falsi nennt, führt indes nur dann zu brauchbaren Resultaten, wenn die benutzten Werte für $f(x)$ hinreichend nahe bei Null liegen.

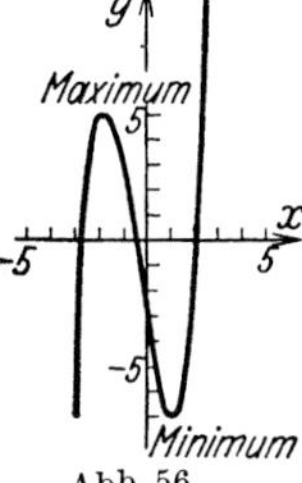

Abb. 56.

d) Von den transzendenten Gleichungen behandeln wir hier lediglich die Exponentialgleichungen, die gewöhnlich mit Hilfe von Logarithmen gelöst werden. So folgt beispielsweise aus

$$b = a \cdot q^x, \quad \lg b = \lg a + x \lg q, \quad x \lg q = \lg b - \lg a, \quad x = \frac{\lg b - \lg a}{\lg q}.$$

Auch die graphische Lösung und die Verbesserung der Näherungswerte mit Hilfe der regula falsi bietet hier gelegentlich Vorteile.

Beispiel: $x^x = 100$; $x = ?$; $x \lg x = 2$; $f(x) = x \lg x - 2 = 0$.

x	$f(x)$
3	$-0,57$
4	$+0,41$

Hieraus $x = 3 + \dfrac{1 \cdot 0,57}{0,98} = 3,58.$

Eine weitere Verbesserung kann durch Wiederholung des Verfahrens erzielt werden:

x	$f(x)$
$3,58$	$+0,0171$
$3,60$	$0,0027$

Hieraus $x = 3,58 + 0,02\,\dfrac{0,0171}{0,0198} = 3,5973.$

24. Reihen.

a) Unter einer Reihe versteht man eine Aufeinanderfolge von Gliedern, deren jedes sich aus dem vorhergehenden auf Grund irgendeiner bestimmten Gesetzmäßigkeit errechnen läßt. Man unterscheidet arithmetische, geometrische, binomische und transzendente Reihen.

b) Bei einer arithmetischen Reihe (1. Ordnung) ist jedes Glied das arithmetische Mittel aus dem vorhergehenden und dem folgenden Gliede. Zwei aufeinanderfolgende Glieder unterscheiden sich um eine konstante Differenz d. Eine arithmetische Reihe sieht also allgemein so aus:

$$\begin{array}{ccccc} 1. & 2. & 3. & 4. & n.\text{ Glied} \\ a & a+d & a+2d & a+3d & a+(n-1)\,d. \end{array} \qquad (119)$$

Es gilt also für das n. Glied z die Beziehung $\quad z = a + (n-1)\,d.$ \hfill (120)

Zählt man alle n-Glieder zusammen, so erhält man die Summe s der arithmetischen Reihe

$$s = \frac{a+z}{2}\, n. \tag{121}$$

c) Bei einer **geometrischen Reihe** ist jedes Glied das geometrische Mittel aus dem vorhergehenden und dem folgenden Gliede. Zwei aufeinanderfolgende Glieder unterscheiden sich durch einen konstanten Faktor, den sog. **Quotienten** q der geometrischen Reihe.

Eine geometrische Reihe sieht allgemein folgendermaßen aus:

$$
\begin{array}{cccccl}
1. & 2. & 3. & 4. & & n.\ \text{Glied}\\
a & q & aq^2 & aq^3 & \ldots & aq^{n-1}.
\end{array} \tag{122}
$$

Es gilt also für das n. Glied z die Beziehung $\quad z = aq^{n-1}.$ $\qquad$ (123)

Für die Summe von n-Gliedern einer geometrischen Reihe gilt

$$s = \frac{a(q^n - 1)}{q - 1}; \tag{124}$$

für $n = \infty$ und $0 < |q| < 1$ geht diese Gleichung über in $s = \dfrac{a}{1-q}.$ $\quad$ (125)

d) Die **Potenzen des Binoms** $(a + b)$ lassen sich in eine Reihe entwickeln. Für beliebige, also auch für gebrochene und negative Exponenten, gestattet der **binomische Lehrsatz** die Berechnung der Binomialkoeffizienten. Die höheren Rechnungsarten beweisen, daß ganz allgemein gilt

$$(a \pm b)^n = a^n \pm n \cdot a^{n-1} \cdot b + \frac{n(n-1)}{2!}\, a^{n-2} \cdot b^2 \pm \frac{n(n-1)(n-2)}{3!}\, a^{n-3} \cdot b^2 + \cdots . \tag{126}$$

Die Zahlen 2!, 3! usw. lies „Zwei Fakultät" usw. Allgemein versteht man unter $m!$ das Produkt

$$m! = 1 \cdot 2 \cdot 3 \cdot 4 \ldots (m-1) \cdot m.$$

Die Folgerungen, die sich aus dem binomischen Lehrsatz ergeben, sind für das praktische Rechnen von äußerster Wichtigkeit (Kapitel 25).

e) Von den **transzendenten Reihen** sind zu nennen

$$\sin x = x - \frac{x^3}{3!} + \frac{x^5}{5!} - + \cdots; \quad (127) \qquad \cos x = 1 - \frac{x^2}{2!} + \frac{x^4}{4!} \cdots; \quad (128)$$

$$\operatorname{tg} x = x + \frac{x^3}{3} + \frac{2x^5}{15} + \cdots \quad (129) \qquad e^x = 1 + x + \frac{x^2}{2!} + \frac{x^3}{3!} + \cdots; \quad (130)$$

hieraus für $x = 1$

$$e = 1 + \frac{1}{1!} + \frac{1}{2!} + \frac{1}{3!} = \lim {}^* \left(1 + \frac{1}{n}\right)^n = 2{,}71828 \ldots (n \to \infty); \quad (131)$$

$$\ln(a+h) - \ln a = 2\left[\frac{h}{2a+h} + \frac{1}{3}\left(\frac{h}{2a+h}\right)^3 + \cdots\right]. \tag{132}$$

Beispiele: 1. Die Summe aller ganzen Zahlen von 1 bis 100 einschließlich ist

$$s = \frac{a+z}{2}\, n = \frac{1+100}{2} \cdot 100 = 5050.$$

2. Die Amplituden h einer gedämpften Schwingung bilden eine geometrische Reihe. Der Quotient aus zwei aufeinanderfolgenden Amplituden heißt Dämpfungsdekrement k. Bestimmt man durch eine Messung die Amplitude der p-Schwingung zu h_p, die Amplitude der q-Schwingung zu h_q, so ist nach Gleichung 22 $h_p = k^{p-1}$; $h_q = k^{q-1}$; durch Division

$$\frac{h_p}{h_q} = \frac{k^{p-1}}{k^{q-1}} = k^{p-q}; \quad \text{hieraus } k = \left(\frac{h_p}{h_q}\right)^{\frac{1}{p-q}} = \sqrt[p-q]{\frac{h_p}{h_q}}.$$

3. $\qquad \sin 10° = \sin 0{,}175 = 0{,}175 - \dfrac{0{,}175^3}{6} + \dfrac{0{,}175^5}{120} - \cdots$

$$= 0{,}175 - 0{,}0009 + 0{,}0000001 \ldots = 0{,}174 \ldots$$

---

* „lim" lies limes = Grenzwert.

25. Das Rechnen mit Näherungsformeln.

a) Aus dem binomischen Lehrsatz folgen nachstehende, für das praktische Rechnen recht vorteilhafte, zum Teil bereits früher erwähnte Näherungsformeln:

$$\sqrt{a^2 \pm b} = a \pm \frac{b}{2a}, \text{ wenn } b \ll a; \quad (133) \qquad \frac{1}{1 \pm x} = 1 \mp x, \text{ wenn } x \ll 1, \quad (134)$$

$$\sqrt[3]{a^3 \pm b} = a \pm \frac{b}{3a^2}, \text{ wenn } b \ll a; \quad (135) \qquad (1 \pm \delta)^n = 1 \pm n\delta, \text{ wenn } \delta \ll 1. \quad (136)$$

Beispiele:

$$\sqrt{37,5} = \sqrt{36 + 1,5} = \sqrt{6^2 + 1,5} = 6 + \frac{1,5}{12} = 6,12$$

$$\sqrt{2} = 0,1\sqrt{200} = 0,1\sqrt{14^2 + 4} = 0,1\left(14 + \frac{4}{28}\right) = 0,1 \cdot 14,14 = 1,414\ldots$$

$$\sqrt[3]{100} = \sqrt[3]{125 - 25} = 5 - \frac{25}{75} = 4,67$$

$$\frac{1}{1,0012} = 1 - 0,0012 = 0,9988; \qquad \frac{1}{5,02} = \frac{1}{5(1,004)} = 0,2 \cdot 0,996 = 0,1992$$

$$1,0025^{3,4} = 1 + 0,0025 \cdot 3,4 = 1,0085; \qquad \sqrt{1,018} = 1 + \frac{1}{3} \cdot 0,018 = 1,006$$

b) Aus den bekannten transzendenten Reihen ergeben sich folgende Näherungsformeln:

$$\sin x = \operatorname{tg} x = \operatorname{arc} x = \overset{\frown}{x}, \text{ für } x < 0,1; \quad (137) \qquad \sin x = x - \frac{x^3}{3!} \text{ für } x < 0,5; \quad (138)$$

$$\ln(a+h) = \ln a + \frac{2h}{2a+h} = \ln a + \frac{h}{a} - \frac{1}{2}\left(\frac{h}{a}\right)^2, \text{ für } h \ll a; \quad (139)$$

$$\lg(a+h) = \lg a + M \cdot \frac{h}{a}, \text{ wobei } M = 0,434\ldots \text{ (Formel 43)} \quad (140)$$

$$\sin(x+\delta) = \sin x + \delta \cos x, \text{ für } \delta \ll x; \quad (141) \qquad \operatorname{tg}(x+\delta) = \operatorname{tg} x + \frac{\delta}{\cos^2 x}. \quad (142)$$

Beispiele:

$$\sin 5° = \sin 0,0872 = 0,0872; \qquad \ln 3 = \ln(2,718 + 0,282) = 1 + \frac{0,282}{2,718} = 1,103;$$

$$\operatorname{tg} 2'\,12'' = \operatorname{arc} 72' = \frac{72}{3438} = 0,02096\ldots;$$

$$\lg 2 = 0,3010; \quad \text{daher } \lg 2,033 = 0,3010 + \frac{0,434 \cdot 0,033}{2} = 0,3083$$

$$\sin 32° = \sin 30° + \frac{2}{57,3}\cos 30° = 0,5 + 0,0348 \cdot 0,866 = 0,5 + 0,0302 = 0,503.$$

III. Anwendung des Zahlenrechnens auf besondere Probleme der Werkstattpraxis.
A. Technische Rechnungen allgemeiner Art.
26. Maßstäbe.

a) Wenn eine ebene Figur in natürlicher Größe oder in allen ihren Teilen gleichmäßig verjüngt bzw. vergrößert dargestellt wird, so sagt man, sie sei maßstäblich abgebildet. Den Grad der Vergrößerung oder Verjüngung kann man aus dem sog. Maßstab entnehmen, der allgemein in der Form „Maßstab $1:\lambda$" angegeben wird, wobei $\lambda > 1$ bei verjüngten, $\lambda < 1$ bei vergrößerten Maßstäben. Vergrößerte Maßstäbe schreibt man auch gelegentlich Maßstab $\lambda:1$. Der „Maßstab" gibt stets das Verhältnis gezeichnete Länge l: Länge in Wirklichkeit L, so daß für alle Maßstäbe die Proportion: $\quad \dfrac{l}{L} = \dfrac{1}{\lambda} \text{ gilt.} \qquad (143)$

b) Die für technische Zeichnungen genormten Maßstäbe sind 5:1, 2,5:1, 1:1; 1:2,5, 1:5, 1:10, 1:50, 1:100.

c) Auch andere Größen als nur Längen kann man zeichnerisch darstellen, z. B. Kräfte, Geschwindigkeiten, Beschleunigungen usw., wenn man der Zeichnung einen besonderen „Kräftemaßstab", Geschwindigkeitsmaßstab" usw. zugrunde legt.

27. Mengenrechnung.

a) Das Gewicht ist proportional der Menge des Stoffes, wobei unter „Menge" das Volumen oder die Anzahl der einzelnen — gleichartigen — Stücke zu verstehen ist. Im letzten Falle ist der Proportionalitätsfaktor durch eine Vergleichsmessung zu bestimmen.

Beispiele: 1. In einem Kasten befinden sich 6,27 kg Schrauben, von denen 89 Stück 50 g wiegen. Wieviel Schrauben sind vorhanden? Es sind $x = \dfrac{89}{50} \cdot 6270 = 11\,150$. (Es braucht nicht genauer gerechnet zu werden, weil aus den Angaben zu schließen ist, daß das Gewicht auf etwa 5 g unsicher ist. Da eine Schraube $\sim 0,5$ g wiegt, entspricht dies einer Unsicherheit in der Zahl von 10 Stück.)

2. In einem Kasten befinden sich 2,92 kg gleichartige Muttern, von denen 100 Stück 148,3 g wiegen. Wieviel Muttern sind vorhanden? Es sind $x = 29 \cdot 1{,}483 = 4330$.

b) Die geleistete Arbeit ist proportional der aufgewendeten Zeit und der Zahl der damit beschäftigten Arbeiter; desgleichen der aufzuwendende Arbeitslohn. Die zur Leistung einer bestimmten Arbeit aufzuwendende Zeit ist aber umgekehrt proportional der Arbeiterzahl.

Beispiel: Durch eine Röhre vom Durchmesser d_1 kann ein Behälter vom Volumen V in t_1 Sek. mit Wasser gefüllt werden, durch eine andere Röhre vom Durchmesser d_2 sind dazu t_2 Sek. erforderlich. In welcher Zeit wird der Behälter gefüllt, wenn beide Röhren gleichzeitig in Betrieb sind? Die Wassergeschwindigkeit v in beiden Röhren sei die gleiche.

Es ist $$V = \frac{v \cdot d_1{}^2 \pi}{4}\, t_1 = \frac{v \cdot d_2{}^2 \pi}{4}\, t_2; \quad \text{hieraus} \quad \frac{t_1}{t_2} = \frac{d_2{}^2}{d_1{}^2}.$$

Durch die 1. Röhre wird in 1 Sek. $\dfrac{V}{t_1}$ des Behältnisses gefüllt.

Durch die 2. Röhre wird in 1 Sek. $\dfrac{V}{t_2}$ des Behältnisses gefüllt.

Durch beide Röhren zusammen wird in 1 Sek.

$$\frac{V}{t_1} + \frac{V}{t_2} = V \frac{t_1 + t_2}{t_1 \cdot t_2} = \frac{V}{\dfrac{t_1 t_2}{t_1 + t_2}} \quad \text{gefüllt.}$$

Zur Auffüllung des Volumens V sind also $\dfrac{t_1 t_2}{t_1 + t_2}$ Sek. erforderlich.

28. Prozent- und Zinsrechnung.

a) Es ist $(1\% \text{ von } b) = \dfrac{b}{100}$, $(p\% \text{ von } b) = \dfrac{p \cdot b}{100}$. Setzt man diesen Wert gleich a, so erhält man mit:

$$a = p\,\frac{b}{100} \tag{144}$$

die Grundformel für die Prozentrechnung. Man nennt: a die Prozente von b, b die Bezugszahl, p den Prozentsatz oder die Prozentzahl. Wesentlich für alle Prozentrechnungen ist, daß Klarheit über die Bezugszahl besteht.

Beispiele: 1. Wieviel Prozent von 15,8 sind 3,2? $p = \dfrac{100\,a}{b} = \dfrac{100 \cdot 3{,}2}{15{,}8} = 20{,}2\%$.

2. 6,7% von 17,8 = ? $a = \dfrac{b\,p}{100} = \dfrac{17{,}8 \cdot 6{,}7}{100} = 11{,}9$.

3. Um wieviel Prozent ist 62 größer als 52,5? 62 ist um 9,5 größer als 52,5; 9,5 sind

$$p = \frac{100 \cdot 9{,}5}{52{,}5} = 18\% \text{ von } 52{,}5.$$

4. Um wieviel Prozent ist 52,5 kleiner als 62? 52,5 ist um 9,5 kleiner als 62; 9,5 sind

$$p = \frac{100 \cdot 9{,}5}{62} = 15{,}3\%.$$

Man beachte den Einfluß der verschiedenen Bezugszahlen!

5. Unter $p\%$igem Alkohol versteht man eine Mischung von Alkohol und Wasser, deren Alkoholgehalt p% vom Gesamtvolumen ausmacht. Es handelt sich hier also um Volumprozente.

Wieviel Wasser muß man 96%igem Alkohol zusetzen, um 40%igen zu erhalten?

$$\begin{array}{llllll}
96\%\text{iger Alkohol enthält} & 96\,cm^3 & \text{Alkohol auf} & 100\,cm^3 & \text{Mischung,} \\
40\%\text{iger} & '' & '' & 40\,cm^3 & '' & '' & 100\,cm^3 & '' \\
40\%\text{iger} & '' & '' & 96\,cm^3 & '' & '' & 240\,cm^3 & ''
\end{array}$$

d. h. je 100 cm³ 96%igem Alkohol müssen 140 cm³ Wasser zugefügt werden, um 40%igen Alkohol zu erhalten.

6. Unter p-haltigem Silber versteht man eine Legierung, die zu $p^0/_{00}$ des Gesamtgewichts aus Silber besteht. Wievielhaltig wird eine Mischung aus g_1 Gramm p_1-haltigem und g_2 Gramm p_2-haltigem Silber?

Die Silberhaltigkeit p berechnet sich auf Grund der Proportion $\dfrac{\text{Silbergehalt } S}{\text{Gesamtgewicht } G} = \dfrac{p}{1000}$,

daher $p = 1000\,\dfrac{S}{G}$.

$$\begin{array}{lll}
\text{Es enthalten} \quad G_1 \quad \text{Gramm Legierung} & \dfrac{p_1}{1000} \cdot G_1 \text{ Gramm Silber} \\[2mm]
'' \qquad '' \qquad G_2 \qquad '' \qquad '' & \dfrac{p_2}{1000} \cdot G_2 \quad '' \qquad '' \\[2mm]
\hline
\text{Es enthalten } G_1 + G_2 \text{ Gramm Legierung} & \dfrac{p_1 G_1 + p_2 G_2}{1000} \text{ Gramm Silber}
\end{array}$$

daher $p = 1000\,\dfrac{S}{G} = \dfrac{p_1 G_1 + p_2 G_2}{G_1 + G_2}$.

b) Unter Zinsen versteht man die Vergütung, die ein Schuldner seinem Gläubiger für ein gewährtes Darlehn zu zahlen hat. Sie sind

proportional dem vereinbarten Zinsfuß p,

   '' dem geliehenen Kapital K,

   '' der Zeit t.

Der Zinsfuß p wird in % ausgedrückt und gewöhnlich auf das Jahr als Einheit bezogen (pro anno = p. a.). Eine in Monaten oder Tagen gegebene Zeit muß also in Jahre umgerechnet werden; man rechnet dabei das Jahr zu 12 Monaten je 30 Tage. Der Tag der Aus- und der Rückzahlung wird bei der Zinsberechnung mitgerechnet.

Die Zinsen berechnen sich nach dem Gesagten nach der Gleichung

$$z = K \cdot t \cdot \frac{p}{100}. \tag{145}$$

Beispiele: 188 RM bringen bei 8% p. a. in 6 Wochen wieviel Zinsen?

$$z = 188 \cdot \frac{42}{360} \cdot \frac{8}{100} = 1{,}76 \text{ RM.}$$

2700 RM sind vom 15. Januar bis 28. September mit 7,5% p. a. zu verzinsen; das macht

$$2700\,\frac{(8 \cdot 30 + 14)}{360} \cdot \frac{7{,}5}{100} = 143{,}20 \text{ RM.}$$

(Beim Rechnen mit Geld und Geldeswert sind abgekürzte Rechenverfahren nicht zulässig!)

d) Werden die fälligen Zinsen nicht ausgezahlt, sondern jeweils zum Kapital geschlagen, so liegt eine Aufgabe der Zinseszinsrechnung vor.

Setzt man

$$1 + \frac{p}{100} = q,\tag{146}$$

wobei man q den **Zinsfaktor** nennt, so gibt die **Zinseszinsformel** $b = a \cdot q^n$ (147) den Endwert b an, auf den das Kapital a in n Jahren durch Zinseszins anwächst.

Vermehrt oder vermindert man ein Kapital a am Ende jeden Jahres um den Betrag r, so ist nach n Jahren ein Kapital vorhanden:

$$b = a\,q^n \pm r\,\frac{q^n - 1}{q - 1}.\tag{148}$$

Werden die Zahlungen am Anfang des Jahres geleistet, so ist statt r der Wert rq einzuführen.

Ist die Zahlungsperiode nicht das Jahr, sondern der Monat, so ist an Stelle von q mit $\sqrt[12]{q}$ zu rechnen.

Beispiele: In wieviel Jahren verdoppelt sich ein Kapital bei 4 bzw. 6 bzw. 8 bzw. 10% Jahreszinsen? Aus $2a = a \cdot q^n$ folgt $\lg 2 = n \lg q$, hieraus $n = \dfrac{\lg 2}{\lg q} = \dfrac{0{,}301}{\lg q}$.   Im einzelnen:

q	1,04	1,06	1,08	1,10
$\lg q$	0,0170	0,0253	0,0334	0,0414
n	17,7	11,9	9,0	7,3 Jahre.

e) Jemand bringt von seinem 20. Lebensjahr ab jeden Monat 10,00 RM auf die Sparkasse. Über welche Summe kann er nach 25 Jahren verfügen, wenn die Sparkasse 8% Zinsen p. a. gewährt?

$$b = r\,\frac{\left(\sqrt[12]{q}\right)^n - 1}{\left(\sqrt[12]{q}\right) - 1}; \quad r = 10{,}00; \quad q = 1{,}08; \quad \sqrt[12]{1{,}08} = 1{,}00643;$$

$$n = 25 \cdot 12 = 300 \cdot b = 10\,\frac{1{,}00\,643\,300 - 1}{0{,}00643} = \frac{5{,}847}{0{,}00643} = 9080 \text{ RM (überschläglich)}.$$

Man beachte den außerordentlichen Zinsgewinn von mehr als 6000 RM!

29. Elemente der Fehlerrechnung.

a) Es ist zunächst zu unterscheiden zwischen **wahren Fehlern** ε und **scheinbaren Fehlern** v. Der wahre Fehler ist definiert durch die Gleichung:

$$\text{wahrer Fehler} = \text{Wahrheit} - \text{gemessenem Wert}$$

$$\varepsilon = W - J.\tag{149}$$

Diese Definition weist eine Schwierigkeit auf: wir kennen ja den wahren Wert W gar nicht, sondern wollen ihn erst z. B. durch eine Messung bestimmen.

In den weitaus meisten Fällen tritt daher an Stelle des wahren Wertes W ein irgendwie berechneter, **substituierter** Wert, z. B. das arithmetische Mittel aus einer Reihe von Messungen oder der nach den Regeln der Wahrscheinlichkeitsrechnung gefundene wahrscheinlichste Wert oder dergleichen. Man nennt diesen Wert „**Sollwert**" S.

Die Differenzen

$$v = S - J\tag{150}$$

nennt man „**scheinbare Fehler**", „**Abweichungen**", „**Verbesserungen**" usw.

Beispiel: Mit Hilfe eines Rechenschiebers fand man $a \cdot b = 76{,}08 \cdot 12{,}48 = 951$; die unmittelbare Ausrechnung liefert genauer 949,5; folglich ist die Differenz $949{,}5 - 951 = -1{,}5$ ein wahrer Fehler des Rechenschieberresultates.

b) Die Ursachen der Fehler liegen in der Unzulänglichkeit teils der Geräte, teils unserer Sinne.

Wir unterscheiden demgemäß a) Gerätefehler, b) persönliche Fehler.

Zu den Gerätefehlern gehören beispielsweise Teilungsungenauigkeit der Ableseskalen, elastische Nachwirkungen bei Federn, während die persönlichen Fehler sich vorwiegend als Schätzungsfehler auswirken.

Auch außerhalb der Instrumente wie der Person des Messenden liegende Einflüsse beeinträchtigen häufig die Meßgenauigkeit: besonders unkontrollierbare Einflüsse der Temperatur und — bei elektrischen Messungen — magnetische oder statische Felder usw.

Die verschiedenen Fehlereinflüsse wirken teils zusammen, teils heben sie sich auf, — bei jeder Messung jedoch in verschiedenem Maße und in verschiedener Weise. Je nachdem, wie sie sich letzten Endes auswirken, unterscheidet man:

1. grobe Fehler,   3. systematische Fehler,
2. konstante Fehler,   4. zufällige Fehler.

Grobe Fehler können durch entsprechende Sorgfalt, besonders durch hinreichende Messungskontrollen (Doppelmessungen) erkannt und eliminiert werden.

Konstante Fehler, d. h. solche, mit denen jede Messung, die mit den gleichen Geräten unter gleichen Beobachtungsbedingungen ausgeführt wird, behaftet ist — zu ihnen gehört beispielsweise der Nullpunktsfehler bei Mikrometerschrauben — können ebenfalls durch entsprechende Untersuchungen erkannt und in Rechnung gestellt werden.

Systematische Fehler sind solche, die in irgendeiner Abhängigkeit zu der gemessenen Größe stehen, wie z. B. die Längenfehler, die sich ergeben, wenn man eine Strecke mit zu langem oder zu kurzem Maßstab mißt. Auch sie können durch geeignete Messungsverfahren (z. B. durch Messung mit verschiedenen Instrumenten) erkannt und ihrer Größe nach bestimmt werden.

Zufällige Fehler nennt man solche, deren Größe und Richtung von allerlei unkontrollierbaren Zufälligkeiten abhängt, ganz gleich, ob sie durch das Instrument, die Person des Beobachters oder äußere Umstände bedingt sind.

Grobe Fehler sind immer, konstante und systematische Fehler meistens vermeidbar; stets sind sie jedoch — geeignete Messungsverfahren vorausgesetzt — wenigstens erkennbar.

Zufällige Fehler sind — immer wieder sachgemäße Anlage der Messung vorausgesetzt — meistens unvermeidlich, und in ihren wahren Größen nicht angebbar; höchstens ihre vermutlichen Ursachen können im Einzelfalle erkannt werden.

c) Aufgabe der Fehlertheorie ist es, die Eigenschaften der zufälligen Fehler bezüglich ihrer Größe und Häufigkeit usw. zu studieren und so die Möglichkeit zu geben, im Einzelfalle wenigstens mutmaßliche Angaben über die Größe der Fehler bzw. der Unsicherheit des mitgeteilten Resultats zu machen.

Die Angabe $17,3 \pm 0,5$ bedeutet nun, daß der mutmaßlich richtige Wert 17,3 ist, daß aber der wahre Wert möglicherweise bis zu 0,5 Einheiten größer oder kleiner als 17,3 sein kann. Man nennt die Angabe $\pm 0,5$ die Fehlergrenzen. Das Wort „Fehler“ hat eben eine ziemlich universelle Bedeutung und steht oft für „Unsicherheit“, „Schwankung“, „Abweichung“ oder „Verbesserung“. Für die Folge ist dies wohl zu beachten.

d) Führt man ein und dieselbe Messung mehrmals aus, so wird man — bei hinreichend weit getriebener Meßgenauigkeit — stets voneinander abweichende Ergebnisse erhalten. Es liegt in diesem Falle nahe, das arithmetische Mittel aus allen Beobachtungen als den vermutlich richtigen Wert anzusehen.

Der große Göttinger Mathematiker C. F. Gauß († 1855) hat nachgewiesen, daß unter der Voraussetzung, daß die Meßfehler ausschließlich zufällige Fehler sind, und wenn eine genügend große Zahl von Beobachtungen vorliegt, das arithmetische Mittel auch der wahrscheinlichste Wert der gemessenen Größe sei. Bezeichnet man die Beobachtungen mit L_1, L_2, ..., L_n, den Mittelwert daraus mit x, und ist die Gesamtzahl der Beobachtungen n, so gilt also

$$x = \frac{L_1 + L_2 + L_3 + \cdots + L_n}{n} = \frac{\Sigma(L)}{n} \quad \text{oder in Gaußscher Schreibweise: } x = \frac{[L]}{n}.$$

Der Wert n ist also jetzt der **Sollwert** unserer Beobachtungen; die scheinbaren Fehler v berechnen sich damit im einzelnen zu $x - L_1 = v_1$, $x - L_2 = v_2$ usw. Unter dem sog. **durchschnittlichen Fehler** d des Mittelwertes x versteht man das arithmetische Mittel aus allen n Abweichungen, ohne Berücksichtigung deren Vorzeichen, also in Gaußscher Schreibweise: $d = \dfrac{[|v|]}{n}$. (151)

Gauß ist nun in der Lage, die Unsicherheit nicht nur des Mittelwertes sondern auch der Einzelmessung anzugeben, und zwar mit Hilfe des von ihm in die Wissenschaft eingeführten **mittleren Fehlers** (m. F.). Es ist nach Gauß:

$$\text{der m. F. der Einzelmessung: } m_L = \pm \sqrt{\frac{[vv]}{n-1}}; \tag{152}$$

$$\text{der m. F. des Mittels: } m_x = \pm \frac{m_L}{\sqrt{n}} = \pm \sqrt{\frac{[vv]}{n(n-1)}}. \tag{153}$$

Beispiel: 1.

Gemessen	Berechnet	
L mm	v	vv
0,437	— 0,001	0,000001
0,441	— 0,005	25
0,432	+ 0,004	16
0,434	+ 0,002	4
$x = 0{,}436$	$[v] = 0$	$[vv] = 0{,}000\,046$
	$[|v|] = 0{,}012$	

Ergebnisse:

$[v] = 0$ (= Kontrolle für die richtige Mittelbildung!)

$[|v|] = 0{,}012$; daher $d = \pm \dfrac{0{,}012}{4} = \pm 0{,}003$ mm;

$[vv] = 0{,}000046$; daher:

$$m_L = \pm \sqrt{\frac{0{,}000\,046}{3}} = \pm 0{,}004 \text{ mm};$$

$$m_x = \pm \frac{0{,}004}{\sqrt{4}} = \pm 0{,}002 \text{ mm}.$$

Endergebnis also: $x = 0{,}436 \pm 0{,}002$ mm; die Einzelmessung ist nun $\pm 0{,}004$ mm **unsicher** (nicht etwa fehlerhaft!).

2. Mit einer Mikrometerschraube mißt man den Abstand der parallelen Flächen eines Parallelendmaßes wie folgt: 33,765, 33,760, 33,760, 33,768, 33,765, 33,762. Den Durchmesser einer Welle mißt man mit demselben Gerät an verschiedenen Stellen wie folgt: 38,530, 38,500, 38,555, 38,540, 38,515, 38,575.

Was folgt aus den Messungen?

Für die erste Messung erhält man $x_1 = 33{,}763 \pm 0{,}001$; die Einzelmessung ist auf $\pm 0{,}0033$ mm genau.

Für die zweite Messung erhält man $x_2 = 38{,}537 \pm 0{,}011$; die Einzelmessung ist auf $\pm 0{,}027$ mm genau.

Die Ursache der verschiedenen Meßgenauigkeit liegt in den gemessenen Stücken: In der ersten Messung treten fast ausschließlich die unvermeidlichen Schätzungs- und Gerätefehler in die Erscheinung, im zweiten Falle werden diese völlig überdeckt durch die Ungenauigkeiten im Durchmesser der Welle. Die Verschiedenheit des Durchmessers an den verschiedenen Stellen beträgt

$$m_d = \sqrt{0{,}027^2 - 0{,}033^2} = \pm 0{,}027 \text{ mm}.$$

e) Zwei Größen L_1 und L_2, die als arithmetisches Mittel aus einer jeweils verschiedenen Anzahl von Beobachtungen gefunden wurden, haben nicht denselben Wert für die weitere rechnerische Behandlung; sie haben, wie man sagt, **verschiedenes Gewicht**. Einem Ergebnis, das aus einer größeren Anzahl von Beobachtungen ermittelt wurde, muß man demnach ein größeres Gewicht zusprechen als einem aus weniger Beobachtungen ermittelten. Es ist üblich, das Gewicht p einer Größe der Anzahl n von Beobachtungen, aus der sie bestimmt wurde, proportional zu setzen:

$$\frac{p_1}{p_2} = \frac{n_1}{n_2}. \tag{154}$$

Die Gleichung 153 gestattet nun, statt der Anzahl der Beobachtungen, deren mittleren Fehler zur Bestimmung des Gewichtes heranzuziehen. Es ist

$$n_1 = \frac{m_L{}^2}{m_1{}^2}; \quad n_2 = \frac{m_L{}^2}{m_2{}^2}; \quad \text{somit} \quad \frac{p_1}{p_2} = \frac{m_2{}^2}{m_1{}^2}, \tag{155}$$

d. h. die Gewichte verhalten sich umgekehrt wie die Quadrate der mittleren Fehler.

Beispiele: Einer Beobachtung mit dem m. F. $= \pm 0,5$ gibt man das Gewicht $p = 1$. Welches Gewicht erhält alsdann eine gleichartige Beobachtung mit dem m. F. $m = \pm 0,4$?

Lösung: $\qquad \dfrac{1}{p_2} = \dfrac{0,4^2}{0,5^2} = \dfrac{0,16}{0,25}; \quad p_2 = \dfrac{25}{16} = 1,56.$

Der m. F. einer Einzelbeobachtung sei $m = \pm 2,2$. Wie oft ist sie zu wiederholen, damit sie das Gewicht 2 erhalte? Der m. F. der Gewichtseinheit sei $\pm 1,8$.

Lösung: $\qquad \dfrac{1}{2} = \dfrac{m_2{}^2}{1,8^2}; \quad m_2{}^2 = 1,62,$

d. h. der m. F. der Beobachtungen muß durch die $n$fache Wiederholung auf $\sqrt{1,62}$ herabgedrückt werden. Gleichung (155) liefert dann $n = \dfrac{2,2^2}{1,62} = 3$.

f) Ist ein durch Rechnung zu bestimmendes Ergebnis x von mehreren Beobachtungen $L_1, L_2 \ldots L_n$ derart abhängig, daß die Beziehung besteht:

$$x = f(L_1, L_2 \ldots L_n)$$

und sind ferner $m_1, m_2 \ldots m_n$ die mittleren Fehler der einzelnen Messungen $L_1, L_2 \ldots L_n$, so gilt für den m. F. von x die Gleichung

$$m = \pm \sqrt{\left(\frac{\partial f}{\partial L_1} m_1\right)^2 + \left(\frac{\partial f}{\partial L_2} m_2\right)^2 + \cdots}. \tag{156}$$

Diese Gleichung heißt „Gaußsches Fehlerfortpflanzungsgesetz".

Dieses Gesetz ist für die praktische Fehlerrechnung von großer Bedeutung; die Gleichung gibt auch dann noch brauchbare Ergebnisse, wenn für $L_1 L_2 \ldots$ usw. nicht die strengen, sondern nur genäherte Werte eingeführt werden.

Beispiel: Zur Bestimmung des Volumens eines prismatischen Körpers mißt man mittels einer Schublehre die drei Kanten $a = 13,4$ mm, $b = 25,3$ mm, $c = 18,7$ mm je auf 0,05 mm genau. Wie groß ist das Volumen und dessen mutmaßlicher Fehler? Es ist das Volumen $V = abc$ und der gesuchte mutmaßliche Fehler

$$m_r = \sqrt{(bc\,m_a)^2 + (ac\,m_b)^2 + (ab\,m_2)^2} = \sqrt{558 + 157 + 286} = \pm 32 \text{ mm}^3,$$

daher $V = 6340 \pm 32$ mm³. Man erkennt, daß es sinnlos wäre, sämtliche bei der unmittelbaren Ausrechnung erhaltenen Ziffern, also das Ergebnis mit 6339,674 mm³ mitzuteilen, da bereits die 3. Stelle um 3 Einheiten unsicher ist!

g) Auch ohne Anwendung der Differentialrechnung lassen sich wenigstens bei algebraischen Zusammenhängen aus den Einzelfehlern die resultierenden Fehler überschlagen, wenn man außer mit den absoluten Größen der Fehler noch mit den prozentualen Fehlern rechnet[1].

Es mögen im folgenden die absoluten Fehler mit Δ, die prozentualen mit δ bezeichnet werden.

In bezug auf die Angabe $10,3 \pm 0,4$ ist $\Delta = \pm 0,4$; $\delta = \dfrac{0,4}{10,3} \cdot 100 \approx 4\%$.

Es gelten nun folgende — algebraisch bzw. mit Hilfe der im Kapitel „Rechnen mit Näherungswerten" gegebenen Regeln unschwer abzuleitende — Sätze:

1. Bei der Addition und Subtraktion fehlerbehafteter Größen addieren sich die absoluten Fehler.

2. Bei der Multiplikation fehlerbehafteter Größen addieren sich die prozentualen Fehler.

---

[1] Es genügt, mit einstelligen (höchstens zweistelligen) Werten der Fehler zu rechnen!

Beispiele: Es sei $a = 4,8 \pm 0,2$; $b = 10,7 \pm 0,1$, dann ist $\varDelta_a = 0,2$; $\delta_a = 4\%$; $\varDelta_b = 0,1$; $\delta_b = 1\%$. Somit wird beispielsweise: $4,8 + 10,7 = 15,5 \pm 0,3$, $10,7 - 4,8 = 5,9 \pm 0,3$. (Die absoluten Fehler sind hier zwar gleich, nicht aber die prozentualen Fehler, denn im ersten Falle ist $\delta = 2\%$, im zweiten aber $\delta = 6\%$.)

$$4,8 \cdot 10,7 = 51,3 \pm 5\% \text{ (vom Ergebnis!)} = 51,3 \pm 2,6.$$

Es genügt daher die Angabe: 52 ± 3.

$$\frac{10,7}{4,8} = 2,23 \pm 5\% = 2,23 \pm 0,11.$$

Die Fehlerrechnung für das Beispiel zu Formel 156 wäre wie folgt durchzuführen:
$$\delta_a = 3,7\%; \quad \delta_b = 2,0\%; \quad \delta_c = 2,7\%; \quad \text{daher } V = 6340 \pm 8,4\% = 6340 \pm 53.$$

B. Das Rechnen mit technischen Formeln.

30. Allgemeines.

Technische Formeln sind Gleichungen zwischen irgendwelchen technischen Maßgrößen. Diese technischen Größen werden durch Symbole dargestellt. Die Symbole charakterisieren also nicht nur einen bestimmten technischen Begriff, sondern gleichzeitig auch eine bestimmte Maßgröße oder „Dimension", so daß z. B. das Maß der links vom Gleichheitszeichen stehenden Größe sich zwangläufig aus den rechts vom Gleichheitszeichen stehenden Maßen ergibt. In technischen Gleichungen können zwar die Produkte und Quotienten aus den verschiedenartigsten Maßgrößen gebildet werden; addiert und subtrahiert werden dürfen indes nur Größen derselben Dimension. Tritt beispielsweise in einer abgeleiteten Formel die Summe oder Differenz aus verschiedenen Maßgrößen auf — z. B. die Differenz zwischen einer Kraft und einer Leistung —, so darf daraus ohne weiteres geschlossen werden, daß die Ableitung einen Fehler aufweist.

Beispiel: In der Formel $s = \frac{g}{2} t^2$ wird s in m, t in s gemessen. Welches ist das Maß für g?

Aus $g = \frac{2s}{t^2}$ folgt $[g]^* = \frac{[2\,s]}{[t^2]} = \text{m/s}^2$. Das Maß für g ist also „Meter durch Sekunden-Quadrat".

31. Mechanik.

a) Die Grundgrößen der technischen Mechanik sind:

die Kraft P, gemessen in kg,
der Weg s, gemessen in m (oder einem anderen Längenmaß),
die Zeit t, gemessen in s (oder einem anderen Zeitmaß).

Hieraus abgeleitete Begriffe sind:

$$\text{die Geschwindigkeit} = \frac{\text{Weg}}{\text{Zeit}} \qquad v = \frac{s}{t} \ \text{(m/s)}; \tag{157}$$

$$\text{die Arbeit} = \text{Kraft} \times \text{Weg} \qquad A = P \cdot s \ \text{(mkg)}; \tag{158}$$

$$\text{die Leistung} = \frac{\text{Arbeit}}{\text{Zeit}} \qquad L = \frac{A}{t} = \frac{P\,s}{t} = P \cdot v \ \text{(mkg/s)}. \tag{159}$$

Die technische Einheit der Leistung, also 1 mkg/s, ist sehr klein; man faßt je 75 mkg/s zu einer neuen Einheit, der sog. Pferdestärke (PS), zusammen:

$$1 \text{ PS} = 75 \text{ mkg/s}, \tag{160}$$

so daß für die in PS ausgedrückte Leistung N sich ergibt $N = \dfrac{L}{75}$. $\qquad$ (161)

Zur Hebung eines Gewichtes G entgegen der Erdschwere ist eine Kraft erforderlich von der Größe $\qquad P = G$ (kg). $\qquad\qquad$ (162)

---

* Die eckigen Klammern lies hier: „Maß für".

Beispiel: Welche Arbeit ist erforderlich, um einen 8 m langen Träger vom Normalprofil I NP 28 12 m hoch zu heben? Welche Leistung ist aufzubringen, wenn der Träger in 20 s gehoben werden soll? (1 m I NP 28 wiegt 47,9 kg).

$$A = P\,s = G \cdot s = 8 \cdot 71{,}9 \cdot 12 = 4590 \text{ mkg};$$

$$L = \frac{A}{t} = \frac{4590}{20} = 229{,}5 \text{ mkg/s} = \frac{229{,}5}{75} = 3{,}06 \text{ PS}.$$

b) Die in PS ausgedrückte **Leistung einer Maschine**, bei der ein durchschnittlicher Druck p (kg/cm²) n mal in der Minute auf einen Kolben von d (cm) Durchmesser wirkt und den Kolben in jedem Arbeitsgang um h (cm) bewegt, berechnet sich zu

$$N = \frac{\pi d^2\, p\, h\, n}{1\,800\,000} \tag{163}$$

Rechnet man statt der Größen d und h mit dem in Litern ausgedrückten Hubvolumen V, so geht die vorige Gleichung über in

$$N = \frac{p \cdot n \cdot V}{450}. \tag{164}$$

Beispiele: Eine Lokomobile hat einen Kolbendurchmesser von 30 cm, einen Hub $h = 40$ cm; sie macht bei einem durchschnittlichen Druck auf den Kolben von $p = 8$ atü, $n = 100$ U/min. Wieviel PS leistet die Maschine?

Da $1 \text{ at} = 1 \text{ kg/cm}^2$, gilt: $N = \dfrac{8 \cdot 100 \cdot 30^2\,\pi \cdot 40}{4 \cdot 450\,000} = \dfrac{8 \cdot 9 \cdot \pi}{4 \cdot 5} = 16 \cdot \pi \approx 50 \text{ PS}.$

Ein Vierzylinder-Viertaktmotor hat ein Hubvolumen $V_0 = 1500$ cm³ und leistet bei $n = 2000$ U/min $N = 24$ PS. Welches ist der durchschnittliche Kolbendruck?

Jeder Zylinder leistet bei einem Hubvolumen $V = \dfrac{V_0}{4} = 375$ cm³; $N = \dfrac{24}{4} = 6$ PS; die

Zahl der Kraftimpulse ist beim Viertaktmotor $n = \dfrac{n_0}{2}$, daher

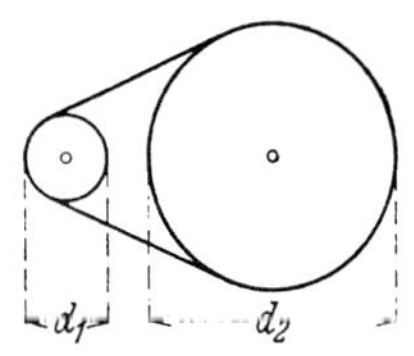

Abb. 57.

$$p = \frac{450\,N}{n\,V} = \frac{450\,\dfrac{N_0}{4}}{\dfrac{n_0}{2} \cdot \dfrac{V_0}{4}} = \frac{900\,N_0}{n_0 \cdot V_0} = \frac{900 \cdot 24}{2000 \cdot 1{,}5} = \frac{9 \cdot 1{,}6}{2} = 7{,}2 \text{ at.}$$

(Der Druck auf den Kolben ist aber nicht gleichmäßig; die tatsächlich auftretenden maximalen Explosionsdrucke betragen das Drei- bis Fünffache des Durchschnittlichen Drucks!)

c) Für den in Abb. 57 dargestellten **Riemenantrieb** gilt, wenn d_1 und d_2 die Scheibendurchmesser, n_1 und n_2 die zugehörigen Drehzahlen — auf die Minute bezogen — bedeuten

$$\frac{d_1}{d_2} = \frac{n_2}{n_1}. \tag{165}$$

Die übertragene Leistung berechnet sich zu

$$N = \frac{P \cdot v}{75} \text{ (PS)}, \tag{166}$$

wo P die Umfangskraft in kg, v die Umfangsgeschwindigkeit in m/s bedeutet; diese berechnet sich aus d und n zu

$$v = \frac{n\,d\,\pi}{60}, \tag{167}$$

wobei für n und d mit Bezug auf unsere Abb. 57 entweder n_1 und d_1 oder n_2 und d_2 zu setzen ist.

Beispiel: $d_1 = 300$ mm; $v n_1 = 950$ U/min; d_1 überträgt 2,8 PS; $d_2 = 960$ mm; gesucht Riemengeschwindigkeit v, Umfangskraft P und Drehzahl n_2.

Es ist $n_2 = n_1 \dfrac{d_1}{d_2} = 950 \dfrac{300}{960} = 296$ U/min; $\quad v = \dfrac{n_1 d_1 \cdot \pi}{60} = \dfrac{950 \cdot 0{,}300 \cdot \pi}{60} = 14{,}9$ m/s;

$$P = \frac{75 \cdot N}{v} = \frac{75 \cdot 2{,}8}{14{,}9} = 14{,}05 \text{ kg.}$$

d) Für das in Abb. 58 dargestellte Rädergetriebe gilt entsprechend

$$\frac{d_3}{d_2} \cdot \frac{D_2}{d_1} = \frac{n_1}{n_3} . \tag{168}$$

Die Zähnezahlen verhalten sich wie die Durchmesser, also

$$\frac{Z_1}{Z_2} = \frac{d_1}{D_2}; \qquad \frac{Z_2}{Z_3} = \frac{d_2}{d_3} \text{ usw.} \tag{169}$$

Beispiel: Es soll von d_3 eine Kraft auf d_1 im Verhältnis 1:120 übertragen werden. d_3 hat 80 Zähne, d_1 hat 10 Zähne; Wie wird das Verhältnis $\left(\dfrac{D_2}{d_2}\right)$?

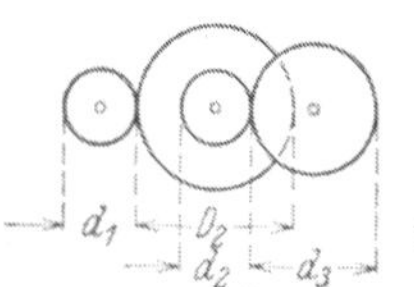

Es ist $\dfrac{D_2 \cdot 80}{10 \cdot d_2} = \dfrac{120}{1};$ daher $\dfrac{D_2}{d_2} = \dfrac{10 \cdot 120}{80} = \dfrac{15}{1}.$

Gibt man d_2 8 Zähne, so erhält D_2 120 Zähne.

Abb. 58.

e) Ähnliche Überlegungen gelten für die Berechnung von Wechselrädern. Die Wechselräder dienen z, B. dazu, die Umdrehungen der Leitspindel einer Drehbank in ein bestimmtes Verhältnis zu den Umdrehungen der Arbeitsspindel zu bringen. Sie müssen daher für jede andere Steigung ausgewechselt werden. Das erste — treibende — Wechselrad sitzt auf der Arbeitsspindel (bzw. auf der von dieser im festen Verhältnis getriebenen Wechselradantriebswelle), das letzte — getriebene — auf der Leitspindel; etwaige weitere, oder auch ein Zwischenrad, auf dem Scherenbolzen. In den Abb. 59 und 60 sind die Wechselräder mit $a\,b\,c\,d$ be-

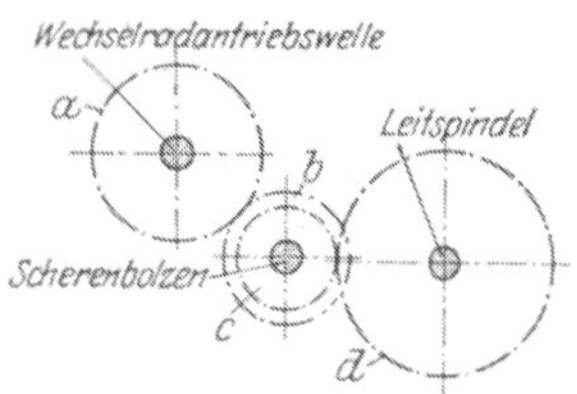

Abb. 59.

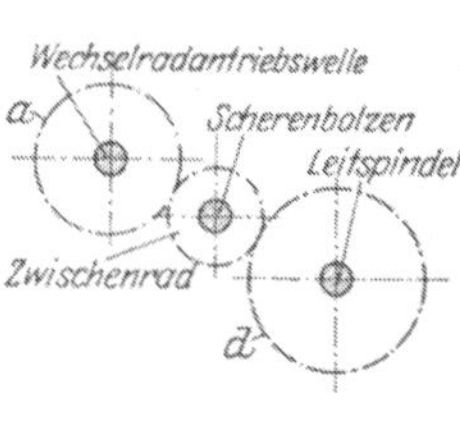

Abb. 60.

zeichnet. Abb. 59 stellt eine einfache Übersetzung dar, Abb. 60 eine doppelte. Für die Berechnung der Zähnezahlen der Wechselräder ist die Beziehung maßgebend: Zähnezahl des treibenden Rades verhält sich zur Zähnezahl des getriebenen wie die Steigung des zu schneidenden Gewindes zur Steigung der Leitspindel. (Sitzt das erste Rad auf der Wechselradwelle, so bleibt die Beziehung ungeändert, nur daß bei der Steigung der Leitspindel die feste Übersetzung zwischen Arbeitsspindel und Wechselradwelle berücksichtigt wird.) Je nach dem Verhältnis der zu schneidenden Steigung zur Steigung der Leitspindel kommt man mit der einfachen Übersetzung Abb. 59 aus oder muß die doppelte Übersetzung nach Abb. 60 anwenden.

Beispiele: Vorhanden seien die Wechselräder: 15, 18, 20, 22, 25, 30, 35, 40, 45, 50 usw. bis 130, außerdem 127. 1. Steigung der Leitspindel $\frac{1}{4}''$, Steigung des zu schneidenden Gewindes $\frac{1}{16}''$. Dann ist $a/b = \frac{4}{16} = \frac{25}{100} = \frac{30}{120}$. Also einfache Übersetzung.

2. Steigung der Leitspindel $\frac{1}{2}''$, Steigung des zu schneidenden Gewindes 2 mm. Dann ist $a/b = \dfrac{2 \cdot 2}{25,4} = \dfrac{25 \cdot 80}{100 \cdot 127} = \dfrac{35 \cdot 45}{80 \cdot 125}$. Also doppelte Übersetzung. (Näheres über diese Berechnungen, auch für „schwierige Steigungen", in Heft 4: Wechselräderberechnung, dem auch die Abbildungen entnommen sind.)

f) Zur Berechnung der Tragfähigkeit von Seilen und Ketten dient die Formel

$$P = F \cdot k, \tag{170}$$

wobei P die mit Sicherheit getragene Last in kg, F der tragende Querschnitt in cm², k ein Erfahrungswert, die sog. zulässige Beanspruchung ist, gemessen in kg/cm² ist.

Für St 47 ist k zu wählen zwischen 300 und 900 kg/cm², je nachdem es sich um ruhende, schwellende oder wechselnde Belastungen handelt.

Beispiel: Welche Last kann eine eiserne Kette von 30 mm Glieddurchmesser mit Sicherheit tragen? Für schwellende Belastung — $k = 600\ kg/cm^2$ — und mit Rücksicht darauf, daß sich die Last auf zwei gleichgroße Querschnitte verteilt, gilt die Formel

$$P = 2 \cdot \frac{d^2 \pi}{4} k = 2 \cdot 7{,}07 \cdot 600 = 8500\ \text{kg}.$$

g) Der Durchmesser d einer Welle, die N PS bei n Umdrehungen je Minute überträgt, berechnet sich zu

$$d = 14{,}5 \sqrt[3]{\frac{N}{n}}. \tag{171}$$

Demnach erhält eine Welle, die 10 PS bei 100 n zu übertragen hat, einen Durchmesser

$$d = 14{,}5 \sqrt[3]{\frac{10}{100}} = 14{,}5 \cdot \sqrt[3]{0{,}100} = 6{,}8\ \text{cm} = 68\ \text{mm}.$$

Eine andere Formel zur Berechnung des Wellendurchmessers ist

$$d = 12 \sqrt[4]{\frac{N}{n}};$$

sie würde in unserem Beispiel ergeben

$$d = 12 \sqrt[4]{\frac{10}{100}} = 12 \cdot \sqrt{0{,}316} = 12 \cdot 0{,}562 = 6{,}7\ \text{cm}.$$

32. Elektrik.

a) Die Grundeinheiten der Elektrizitätsmeßtechnik sind

das Ohm (Ω) als Einheit des Widerstandes R,

das Volt (V) als Einheit der elektrischen Spannung E,

das Ampere (A) als Einheit der elektrischen Stromstärke J.

Sie stehen in einer durch das Ohmsche Gesetz gegebenen Beziehung zueinander:

$$J = \frac{E}{R}. \tag{172}$$

Der Widerstand von Kupferdrähten gewöhnlicher Temperatur berechnet sich auf Grund der Beziehung

$$R = \frac{0{,}0175 \cdot l}{q}, \tag{173}$$

wobei l die Länge in m, q die Querschnittsfläche des Drahtes in mm² bedeutet. Zur Auswertung dieser Formel kann mit Vorteil unser Nomogramm Abb. 61 benutzt werden.

Beispiel: Wie groß ist der Widerstand einer elektrischen Glühlampe, die bei 218 V Spannung 0,38 A Strom verbraucht?

$$R = \frac{E}{J} = \frac{218}{0{,}38} = 574\ \Omega.$$

2. Wie groß ist der Widerstand eines 200 km langen Kupferdrahtes von 3 mm Durchmesser?

$$R = \frac{0{,}0175 \cdot 200\,000}{7{,}07} = \frac{17{,}5 \cdot 200}{7{,}07} = 495\ \Omega.$$

b) Jeder unverzweigte Stromkreislauf weist drei Arten von Widerständen auf: 1. den inneren Widerstand des Generators, der meist sehr gering ist, 2. den Widerstand der Zuleitungen, der ebenfalls gering ist, und schließlich den Nutz-

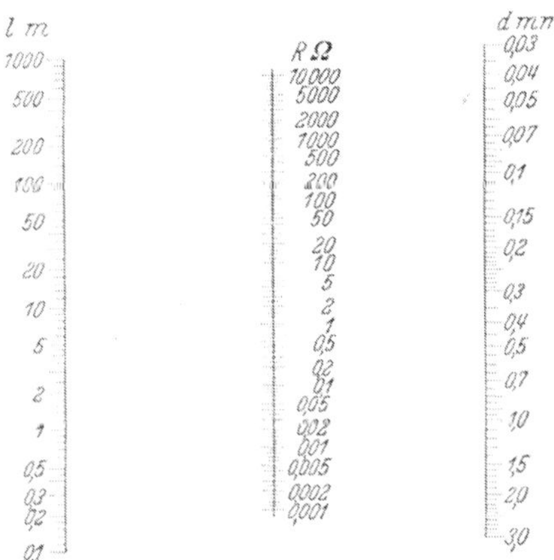

Abb. 61.

widerstand (Lampe, Motor usw.). In jedem Widerstand findet ein **Spannungs-abfall** statt, der sich nach dem Ohmschen Gesetz berechnet und demnach mit der Stromstärke veränderlich ist.

Beispiel: Zu einem Motor, der 10 A Strom verbraucht, führt eine 100 m lange Doppelleitung aus Kupfer von 4 mm ⌀. Welchen Spannungsabfall verursacht die Leitung?

Es ist
$$R = \frac{0,0175 \cdot 200}{12,6} = \frac{3,5}{12,6} = 0,280 \ \Omega \,.$$

Der Spannungsabfall ist $E = J \cdot R = 10 \cdot 0,28 = 2,8$ V.

c) Der elektrische Strom leistet Arbeit, die in Wattsekunden gemessen wird. Es ist
$$1\,\text{W} = 1\,\text{V} \times 1\,\text{A}. \tag{174}$$

Da 1 Ws eine sehr kleine Arbeit darstellt, rechnet man statt Watt (W) mit Kilowatt (kW), wobei
$$1\,\text{kW} = 1000\,\text{W} \tag{175}$$

und statt der Sekunden mit Stunden (h). Es ist

$$1 \text{ Kilowattstunde} = 1\,\text{kWh} = 3\,600\,000\,\text{Ws}. \tag{176}$$

Da nach den Definitionen der Mechanik: $\text{Leistung} = \dfrac{\text{Arbeit}}{\text{Zeit}}$

gilt auch für die elektrische Arbeit:
$$L = \frac{A}{t} = E \cdot J \ \text{(Watt)}. \tag{177}$$

Eine Leistung von 736 W ist einer Pferdestärke (= 75 mkg/s) äquivalent:
$$1\,\text{PS} = 736\,\text{W}. \tag{178}$$

Beispiele: 1. Welche Stromstärke verbraucht ein Elektromotor von 6 PS bei 220 V Spannung? $L = 6\,\text{PS} = 6 \cdot 786 = 4420\,\text{W}$. Aus $L = EJ$ folgt $J = \dfrac{L}{E} = \dfrac{4420}{220} = 20$ A.

2. Zur Erzeugung einer Helligkeit von 1 HK (= 1 Hefnerkerze) braucht man eine Leistung von rd. 1 W. Was kostet demnach das 200stündige Brennen einer 300kerzigen Lampe bei einem Strompreis von 0,24 RM je kWh? $A = 300 \cdot 200 = 60000\,\text{Wh} = 60\,\text{kWh}$. Die Kosten betragen somit: $K = 60 \cdot 0,24 = 14,40$ RM.

3. Welche Leistung geht in einem Leiter von R Ohm Widerstand verloren, wenn er von einem Strom J A durchflossen wird?
$$L = E \cdot J; \quad E = JR, \quad \text{daher} \quad L = J^2 R, \tag{179}$$
d. h. der Leistungsverlust wächst mit dem Quadrate der Stromstärke; um geringe Verluste zu haben, wird man also die Stromstärken so gering wie möglich halten; geringe Stromstärken erfordern aber bei gleicher Leistung hohe Spannungen. Daher Hochspannungsleitungen.

d) Elektrische Arbeit kann auch in **Wärme** umgesetzt werden. So setzt sich z. B. die durch den Widerstand der Zuleitungen verzehrte elektrische Energie grundsätzlich in Wärme um.

Die Anzahl der Kalorien Q (vgl. Kap. 38) berechnet sich aus der elektrischen Arbeit nach dem Jouleschen Gesetz zu $\quad Q = 0,00024\,EJt \ \text{(Ws)}. \tag{180}$

Beispiel: Was kostet das Erwärmen von 1 l Wasser von 20° bis zum Sieden bei einem Strompreis von 0,24 RM je kWh?

$$EJt = \frac{Q}{0,00024} = \frac{80}{0,00024} = 333\,000\,\text{Ws} = 0,925\,\text{kWh}.$$

Die Kosten betragen somit: $K = 0,925 \cdot 0,24 = 0,222\,\text{RM} \approx 22$ Rpf. Da nicht sämtliche elektrische Wärme genutzt wird, sondern nur etwa 80%, betragen die Kosten tatsächlich etwa 27 Rpf.

33. Wärme.

a) Die Wärme, gemessen durch Wärmeeinheiten oder Kalorien, vermag Arbeit zu leisten. Unter einer **Kalorie** (kcal) versteht man die Wärmemenge, die man aufwenden muß, um die Temperatur von 1 kg (oder 1 l!) Wasser um 1° C zu er-

höhen. Diese Wärmemenge ist einer mechanischen Arbeit von 427 mkg äquivalent
(= gleichwertig): $\qquad$ 1 kcal $=$ 427 mkg . $\qquad$ (181)

Man nennt diese 427 mkg deswegen auch „mechanisches Wärmeäquivalent".

Beispiele: 1. Wieviel Kalorien sind erforderlich, um G Liter Wasser von $t_1°$ auf $t_2°$ zu erwärmen? $\qquad Q = G(t_2 - t_1)$ $\qquad$ (182)

·2. 1 kg Anthrazit entwickelt beim Verbrennen etwa 8000 kcal. Wieviel PS könnten demnach theoretisch gewonnen werden, wenn in einer Stunde 20 kg Anthrazit verbrennen? Wieviel in Wirklichkeit, wenn die die Wärme in mechanische Arbeit umwandelnde Maschine einen Wirkungsgrad von 12% hat? 20 · 8000 kcal = 20 · 8000 · 427 = 6 840 000 mkg. Die Zeit, in der die Verbrennung stattfindet, ist 1 h = 3600 s, folglich

$$L = \frac{A}{t} = \frac{6\,840\,000}{3600} = 1900 \text{ mkg/s}; \qquad \frac{1900}{75} = 25,2 \text{ PS.}$$

Infolge des geringen Wirkungsgrades werden hiervon indes nur 0,12 · 25,2 = 3,0 PS nutzbar gemacht.

b) Der Wärmegrad eines Körpers wird angegeben durch seine Temperatur, die in Celsiusgraden (°) gemessen wird. Die denkbar niedrigste Temperatur beträgt —273°. Man nennt sie den absoluten Nullpunkt.

Durch Erwärmung dehnen sich homogene Körper aus. Die Wärmeausdehnung Δl infolge einer Temperaturerhöhung um $\Delta t°$ beträgt für einen ursprünglich l mm langen Stab $\qquad \Delta l_{mm} = l\alpha \cdot \Delta t,$ $\qquad$ (183)

wobei α eine Stoffkonstante bedeutet, die linearer Ausdehnungskoeffizient heißt, und für Eisen den Wert $\alpha = 0,000012$, für Silber den Wert $\alpha = 0,0000185$ hat. Die Kraft, mit der sich die Körper infolge Erwärmung ausdehnen, ist beträchtlich; sie beträgt für einen Eisenstab vom Querschnitt F (cm²) in der Längsrichtung

$$P \approx 10\,F \cdot (\Delta t).$$ $\qquad$ (184)

Beispiele: 1. Ein Maßstab auf Silber ist bei +16,5° richtig. Welche Korrektur ist an der damit bei 8° gemessenen (abgelesenen) Länge l = 432,765 mm anzubringen?
$\Delta l = -l \cdot d \cdot \Delta t = -433 \cdot 0,0000185 \cdot 7,5 = -0,433 \cdot 0,185 \cdot 0,75 = -0,060$ mm. Die richtige Länge der gemessenen Größen ist also 432,765 — 0,060 = 432,705 mm. Man beachte, daß bei genauen Messungen der Temperatureinfluß durchaus meßbar ist!

2. Mit welcher Kraft dehnt sich eine Eisenschiene von 35 cm² Querschnitt bei der Erwärmung von —25° auf +35° aus? $P = 10 \cdot 35 \cdot 60 = 21\,000$ kg (!) (Würde die ausgedehnte Schiene an beiden Enden befestigt, um das Zurückgehen auf die ursprüngliche Länge bei der Abkühlung zu verhindern, so käme auf jeden Quadratzentimeter des Querschnitts eine Beanspruchung [Spannung] von $\frac{21\,000}{35} = 600$ kg/cm².)

34. Optik.

a) Das Licht stellt man sich als eine transversale Wellenbewegung des hypothetischen Weltäthers vor. Die Fortpflanzungsgeschwindigkeit v ist bestimmt worden zu $\qquad c = 300\,000$ km/s . $\qquad$ (185)

b) Auf die transversale Wellennatur des Lichts deuten die Erscheinungen der Beugung und der Brechung. Eine Brechung des Lichts tritt ein, wenn ein Lichtstrahl von einem optisch dünneren in ein dichteres Medium eintritt und umgekehrt. Der vom Einfallslote aus gemessene Winkel ist im dichteren Medium stets kleiner als im dünneren. Für bestimmte Medien bilden die Sinuswerte der Einfalls- und der zugeordneten Brechungswinkel einen konstanten Quotienten: den Brechungsquotienten n. Allgemein ist (Abb. 62): $\dfrac{\sin\alpha}{\sin\beta} = n$. (186)

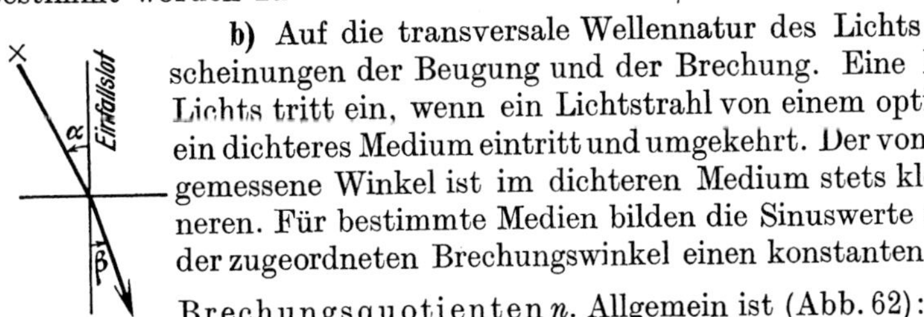

Abb. 62.

c) Besondere Erscheinungen hat die Brechung bei Konvexlinsen zur Folge. Diese entwerfen unter gewissen Umständen von Gegenständen umgekehrte, reelle Bilder (Abb. 63). Dabei besteht zwischen der Gegenstandsweite a, der Bildweite b und der Brennweite f die Beziehung: $\dfrac{1}{a} + \dfrac{1}{b} = \dfrac{1}{f}$. (187)

(= Dioptrische Hauptformel). Zwei Konvexlinsen im Abstand e mit den Brennweiten f_1 bzw. f_2 wirken, wenn $e < (f_1 + f_2)$, wie eine einzige Linse mit der „äquivalenten" Brennweite:

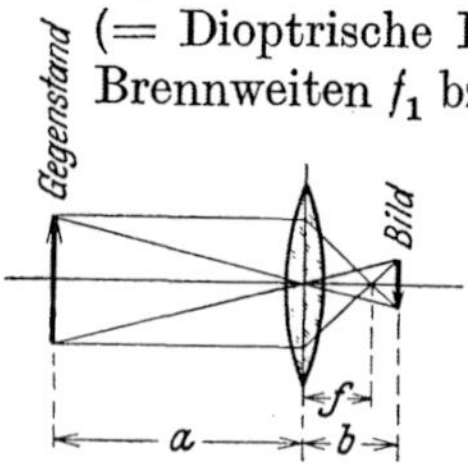

$$f = \frac{f_1 f_2}{f_1 + f_2 - e} .\qquad (188)$$

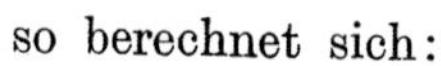

Abb. 63.

d) Die Vergrößerung V einer **L u p e** (Abb. 64) von der Brennweite f (cm) berechnet sich überschläglich zu: $V = \dfrac{25}{f}$. (189)

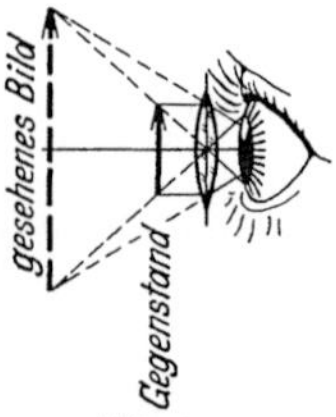

e) Konvexlinsen sind die wesentlichen Bestandteile von Fernrohren und Mikroskopen. Den Strahlengang durch ein astronomisches oder Keplersches **F e r n r o h r** zeigt Abb. 65. Bezeichnet f_O = Brennweite des Objektivs, f_o = Brennweite des Okulars,

$$D_O = \text{den wirksamen Objektivdurchmesser,}$$
$$D_o = \text{den wirksamen Okulardurchmesser,}$$
$$d = \text{den Durchmesser des Diaphragmas,}$$

so berechnet sich:

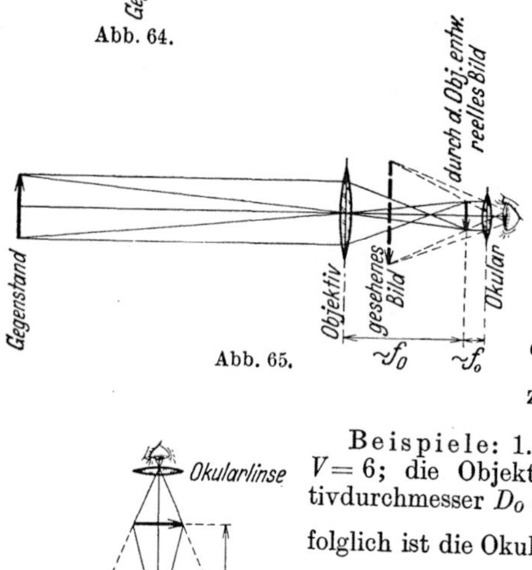

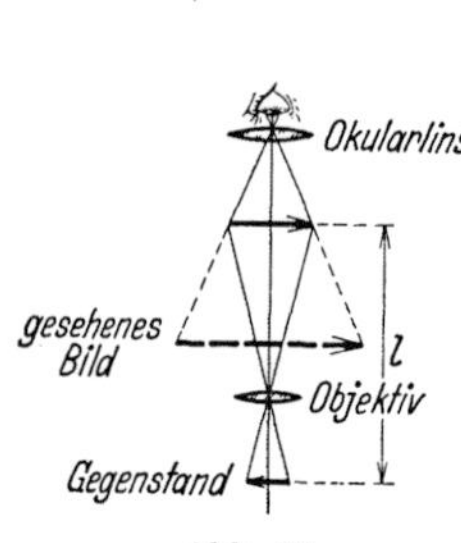

Abb. 64.

die Vergrößerung $\quad V = \dfrac{f_O}{f_o} = \dfrac{D_O}{D_o}$, (190)

das wahre Gesichtsfeld

$$G = \frac{180}{\pi} \cdot \frac{d}{f_O} = 57{,}3 \cdot \frac{d}{f_O} , \qquad (191)$$

das scheinbare Gesichtsfeld

$$g = V \cdot G = 57{,}3 \cdot \frac{d}{f_o} , \qquad (192)$$

die relative Helligkeit $\quad H = D_o{}^2{}_{mm}$. (193)

f) Für ein **M i k r o s k o p** (Abb. 66) von der Länge l berechnet sich die Vergrößerung zu:

$$V = \frac{250\,l}{f_o \cdot f_O} . \qquad (194)$$

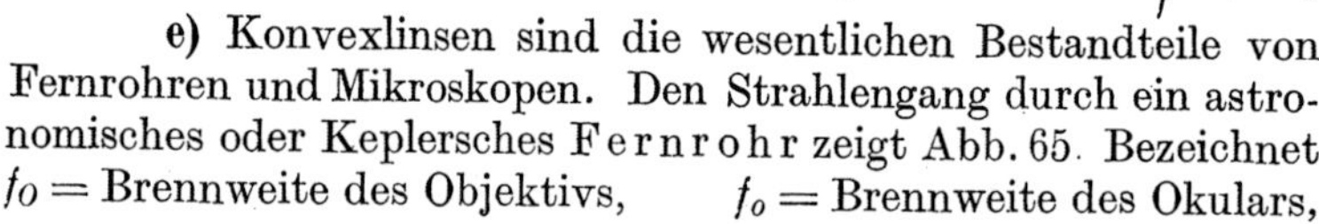
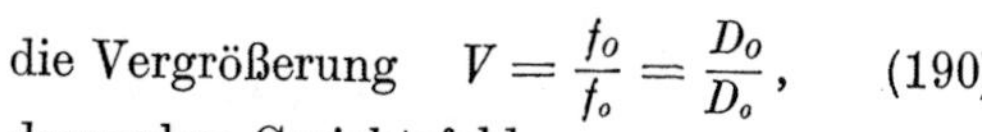

Abb. 65.

B e i s p i e l e : 1. Bei einem Prismenfernrohr ist die Vergrößerung $V = 6$; die Objektivbrennweite $f_O = 200$ mm; der wirksame Objektivdurchmesser $D_O = 22$ mm; der Diaphragmadurchmesser $d = 8$ mm; folglich ist die Okularbrennweite $f_o = \dfrac{f_O}{V} = \dfrac{200}{6} = 33{,}3$ mm; die Austrittspupille $D_o = \dfrac{D_O}{V} = \dfrac{22}{6} = 3{,}67$ mm; die relative Helligkeit $H = D_o{}^2 = 13{,}5$ (wenig!); das wahre Gesichtsfeld $G = \dfrac{57{,}3 \cdot 8}{200} = 2{,}35°$; das scheinbare Gesichtsfeld $g = 2{,}35 \cdot 6 = 14{,}1°$.

Abb. 66.

2. Welche Objektivbrennweite ist erforderlich für ein Mikroskop von $l = 200$ mm Länge, mit dem bei einer Okularbrennweite $f_o = 16$ mm eine 800 fache Vergrößerung erzielt werden soll?

$$f_O = \frac{250\,l}{f_o \cdot V} = \frac{250 \cdot 200}{16 \cdot 800} = \frac{250}{64} = 3{,}9 \text{ mm} .$$

3. Um wieviel ist bei einer Konvexlinse die Bildweite b $(= f + \varDelta)$ stets größer als die Gegenstandsweite a?

$$\frac{1}{a} + \frac{1}{f + \varDelta} = \frac{1}{f}; \qquad \frac{1}{a} = \frac{\varDelta}{f(f + \varDelta)} \approx \frac{\varDelta}{f^2}; \qquad \varDelta = \frac{f^2}{a} . \quad (\varDelta \ll f!)$$

Buchdruckerei Otto Regel G.m.b.H., Leipzig.

Verlag von Julius Springer / Berlin

WERKSTATTBÜCHER
FÜR BETRIEBSBEAMTE, KONSTRUKTEURE U. FACHARBEITER
HERAUSGEGEBEN VON DR.-ING. EUGEN SIMON, BERLIN

Bisher sind erschienen (Fortsetzung):

Heft 35: Der Vorrichtungsbau.
II: Bearbeitungsbeispiele mit Reihen planmäßig konstruierter Vorrichtungen. Typische Einzelvorrichtungen.
Von Fritz Grünhagen.

Heft 36: Das Einrichten von Halbautomaten.
Von J. van Himbergen, A. Bleckmann, A. Waßmuth.

Heft 37: Modell- und Modellplattenherstellung für die Maschinenformerei.
Von Fr. und Fe. Brobeck.

Heft 38: Das Vorzeichnen im Kessel- und Apparatebau.
Von Ing. Arno Dorl.

Heft 39: Die Herstellung roher Schrauben.
I: Anstauchen der Köpfe.
Von Ing. Jos. Berger.

Heft 40: Das Sägen der Metalle.
Von Dipl.-Ing. H. Hollaender.

Heft 41: Das Pressen der Metalle (Nichteisenmetalle).
Von Dr.-Ing. A. Peter.

Heft 42: Der Vorrichtungsbau.
III: Wirtschaftliche Herstellung und Ausnutzung der Vorrichtungen.
Von Fritz Grünhagen.

Heft 43: Das Lichtbogenschweißen.
Von Dipl.-Ing. Ernst Klosse.

Heft 44: Stanztechnik. I: Schnittechnik.
Von Dipl.-Ing. Erich Krabbe.

Heft 45: Nichteisenmetalle. I: Kupfer, Messing, Bronze, Rotguß.
Von Dr.-Ing. R. Hinzmann.

Heft 46: Feilen.
Von Dr.-Ing. Bertold Buxbaum.

Heft 47: Zahnräder.
I: Aufzeichnen und Berechnen. Von Dr.-Ing. Georg Karrass.

Heft 48: Öl im Betrieb.
Von Dr.-Ing. Karl Krekeler.

Heft 49: Farbspritzen.
Von Obering. Rud. Klose.

Heft 50: Die Werkzeugstähle. Von Ing.-Chem. Hugo Herbers.

In Vorbereitung bzw. unter der Presse befinden sich:

Spannen im Maschinenbau. Von Ing. Fr. Klautke.

Festigkeit und Formänderung II. Von Dr.-Ing. Kurt Lachmann.

Leichtmetalle. Von Dr.-Ing. R. Hinzmann.

Mathematik. Von Prof. Dr. phil. H. E. Timerding, Braunschweig. („Handbibliothek für Bauingenieure", I. Teil, Band 1.) Mit 192 Textabbildungen. VIII, 242 Seiten. 1922.   Gebunden RM 6.40 (abzügl. 10% Notnachlaß)

Grundlagen der Algebra. Von Dipl.-Ing. Arnold Meyer. („Technische Fachbücher", Band 7a.) Mit 17 Abbildungen im Text und 222 Aufgaben nebst Lösungen. IV, 139 Seiten. 1926. RM 2.25 (abzügl. 10% Notnachlaß)

Mathematisch-technische Zahlentafeln. Vorgeschrieben zum Gebrauch im Unterricht und bei den Prüfungen an den Höheren Technischen Staatslehranstalten für Maschinenwesen und Elektrotechnik, Technischen Staatslehranstalten für Maschinenwesen und Hüttenwesen und anderen Fachschulen für die Metallindustrie durch Ministerialerlaß vom 1. März 1933. Zusammengestellt von Oberstudienrat i. R. Dipl.-Ing. H. Bohde unter Mitwirkung von Studienrat Dipl.-Ing. H. Höhn und Studienrat Dr.-Ing. Werners. Siebente, vermehrte Auflage. 105 Seiten. 1933.   RM 1.20